영화로 만나는 수학·과학

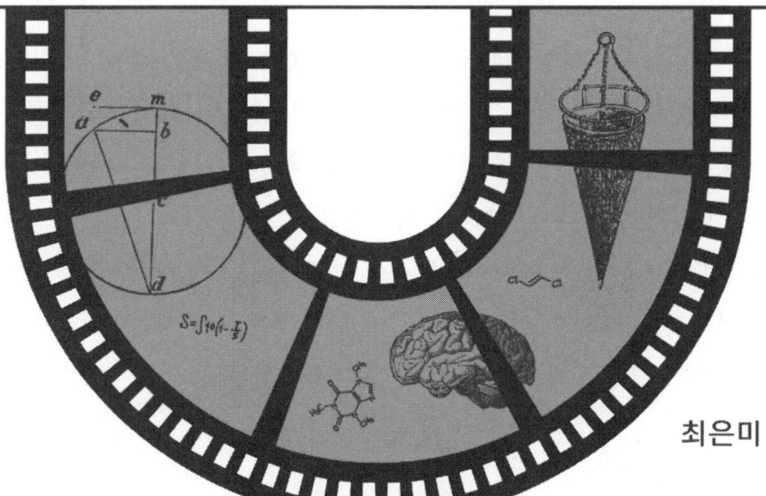

최은미 지음

글누리 HNU

머 리 말

어떤 사람들은 이토록 아름다운 수학! 이라고 감탄하기도 하고 수학이 얼마나 단순한가! 라고 말하기도 합니다. 누군가에게 아름답게 보인다고 모든 사람의 눈에도 그렇게 보이는 것은 아닐 것입니다. 실제로 수포자라는 말이 일상 용어가 된 오늘날, 우리 주변에서 만나는 많은 사람들은 수학을 싫어하고 수학이 자기 인생에 크게 필요치 않다고 말합니다. 우리는 초등, 중등, 고등학교를 거치면서 수학을 배웠습니다. 그러나 수학의 즐거움이나 아름다움을 느끼기는커녕, 혹은 수학의 필요성을 인식하기보다는 대학입시를 위해 어쩔 수 없이 참아 내야 하는 고통의 단계로 여겨진 듯합니다.

이러한 어려움을 해결하는 데 조금이라도 도움을 주고자 하는 마음으로 이 책을 집필했습니다. 본 저자는 지난 2년 동안 대학에서 인문·사회·자연·공과대학의 학생들과 함께 『영화로 만나는 수학과 과학』을 강의해 왔습니다. 30년 동안 수학과 교수로 재직하면서 이공대생 이외의 학생들을 만나 수학과 과학을 이야기하는 첫 경험이었습니다. 예상했던 대로 학생들이 갖고 있는 수학에 대한 거부감을 알 수 있었지만, 영화라는 소재를 가지고 천천히 다가가는 과정에서 조금씩 희망을 가질 수도 있었습니다. 학생들에게 알려주고 싶은 수학과 과학은 무엇인가?를 깊이 생각하게 되었습니다.

수학과 과학을 소재로 한 영화는 아주 오래전 것부터 최근 개봉한 것까지 꽤 많이 있습니다. 이 저서에서는 비교적 최근에 나온 12편의 영화를 다루었습니다. 수학은 문제를 풀고 답을 맞추는 것이 전부가 아니라고 생각합니다. 이 책에서 말하는 수학은 어떤 주제를 논리적으로 생각하고 서로의 생각을 공유하는 '수학적 사고'로부터 시작해서, 영화에서 나오는 수학 내용을 조금 살펴보는 정도로 구성했습니다. 또한 수학이 다른 분야와 결합을 하여 우리의 일상생활에 이렇게 사용되는구나를 맛볼 수 있기를 기대하면서 책을 썼습니다. 수학 내용을 더 넣고 싶은 마음이 많았지만, 수식으로 인한 부담감을 최소화하고자 했습니다.

이 책이 수학과 과학을 알아가는 데 조금이나마 도움이 된다면 더없이 기쁠 것입니다. 입시의 부담으로 인해 그동안 수학을 거절해 왔다면, 이제 편안한 마음으로 이 책을 읽으면서 수학을 알아가면 좋겠습니다. 또는 그 가운데서 수학의 재미도 알 수 있기를 바랍니다. 책에서 다루지 않은 많은 영화가 있는데, 수학과 과학에 대한 새로운 영화가 개봉되면서 이 책의 후속 저서도 만들어지기를 기대합니다.

목 차

제 1 장

세상을 바꾼 수학 · 과학자들

– 불꽃 같은 삶 –

- 이미테이션 게임
- 무한대를 본 남자
- 아인슈타인과 에딩턴
- 마리 퀴리
- 히든 피겨스

이미테이션 게임
(The Imitation Game)

튜링 _ 에니그마 암호와 컴퓨터의 아버지

1 영화 소개(2014)

영화의 원작은 영국 수학자 호지스(A. Hodges)의 소설 <Alan Turing: The Enigma>이다. 수학 천재 앨런 튜링이 제2차 세계대전에서 영국군과 연합군의 승리를 위해 고군분투한 실화를 소재로 했다.

이미테이션 게임

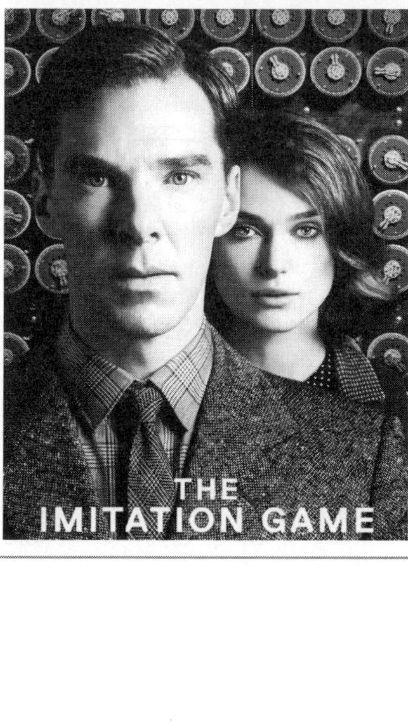

출연

- **베네딕트 컴버배치(B. Cumberbatch):** 앨런 튜링 역
  세계적인 영국 배우이다. 영화 〈호킹〉과 〈셜록 홈즈〉에서 주인공역을 했다. 또한 〈호빗〉에서 강령술사의 역할을 했으며, 〈어벤져스〉시리즈 엔드게임과 인피니티 워에서 주인공 닥터 스트레인지로 출연했다.
- **키이라 나이틀리(Keira Knightley):** 조앤 클라크 역

2 제목 소개

이미테이션(imitation)은 모방, 모조라는 사전적 의미를 갖는다. 어떤 사람이나 대상의 행동 등을 잘 관찰하여 그대로 따라 하는 것으로써 학습을 위해 꼭 필요한 행위이다. 영화에서는 이미테이션 게임을 다음과 같은 자막으로 설명했다.

이미테이션 게임이란 기계의 사고력을 증명하기 위한 것으로 튜링테스트라고도 불리고, 훗날 인공지능 연구의 초석이 되었다.

3 영화 줄거리

절대 해독 불가라고 생각된 에니그마 암호에 대해 튜링은 말한다.

- 그럼 그게 사실인지 제가 해 보겠습니다.

어렵다기보단 해독 불가능이네

그럼 그게 사실인지 제가 해 보겠습니다.

제2차 세계대전 중에 영국과 연합군은 독일군에 크게 밀리고 있었다. 그 주요한 원인은 독일이 사용하는 에니그마라는 암호 때문이었는데, 독일은 암호의 패턴을 거의 매일, 심지어 시간 단위로 바꾸는 최신의 암호 기술을 가지고 있었다. 연합군은 독일의 암호를 도청할 수는 있었지만, 그 암호의 내용이 무엇인지를 도무지 알 수 없었다. 많은 수학자가 열심히 계산해서 암호 내용을 알아낼 수 있을 즈음에는,

독일은 이미 암호 패턴을 바꿔버린 후가 되어 어렵게 계산해 낸 암호문은 무용지물이 되고 만다. 영국 정부는 각 분야의 수재들을 모아 에니그마를 풀어낼 암호 해독팀을 비밀스럽게 운영한다. 튜링은 사람의 계산속도보다 훨씬 빨리 계산할 수 있는 기계를 만드는 일에 몰두한다.

4 영화 장면

4-1. 영화 시작 - 지금 보는 것에 대해 발설하면 반역죄로 처형당할 거야

청산가리 조심하십쇼

지금 보는 것에 대해 발설하면 반역죄로 처형당할 거야

영화는 어두운 집과 초췌해진 튜링의 모습으로 시작하면서 알 수 없는 대사가 나온다.

- 청산가리를 조심하시오.

누군가 튜링의 집에 침입하여 집안을 뒤집어 놓았는데, 출동한 경찰조차 전혀 영문을 모르는 눈치이다. 젊고 유능한 수학자 튜링은 한참 제2차 세계대전의 소용돌이가 몰아치는 중에 영국정보처에 자발적으로 합류한다. 독일군에 맞서 독일 암호를 성공적으로 해독하였고, 환호하는 장면이 이어진다. 이렇게 해피엔딩이 되어야 할 것 같았는데, 상황이 급작스럽게 반전된다. 튜링은 재판에 넘겨져서 처벌을 받고, 마침내 청산가리를 바른 사과를 먹고 생을 마감한다. 그가 죽은 지 무려 60년이 지나 영국은 튜링을 사면했다.

4-2. 자네는 누구인가?

– 자넨 누군가?
– 앨런 튜링입니다.

수학에 타고난 천재라고 쓰여 있군

앨런 튜링(Alan Turing, 1912~1954)은 영국의 수학자이다. 암호학자이며 논리학자 그리고 컴퓨터 과학의 선구자이다. 어릴 때부터 수학적 재능이 뛰어났던 그는, 영국에서 공부한 후 1936~1939년에 미국 프린스턴 대학에서 연구했다. 미국에서 제안한 좋은 직장을 모두 거절하고, 튜링은 고국 영국으로 돌아온다. 불과 24살에 교수가 된 수학에 타고난 천재였으나, (영화에서) 27살인 튜링은 이렇게 말한다.

- 도무지 이해할 수 없는 이 논문을 발표한 건?
- 그런데도 자신을 천재라고 생각하지 않나?
- 뉴턴은 22살에 이항정리를 발견했고
- 아인슈타인은 26살에 4편의 논문을 써서 세상을 바꿨죠.
- 그에 비하면 전 기본 수준인 거죠.

'도무지 이해할 수 없는 논문'이라는 대사는, 아마도 튜링의 논문 '기계도 생각할 수 있을까?(Can machines think?)'를 지칭하는 것 같다. 제목부터 엉뚱해 보이는 '생각하는 기계 - 그는 '기계'와 '생각'이라는 개념도 정의했다. 기계가 생각하는지 안 하는지는 그가 만든 튜링 테스트를 통해 증명된다고 설명했다. 1945년에 그가 만든 튜링 기계는 초보 형태의 컴퓨터로, 복잡한 계산과 논리 문제를 처리할 수 있었다. 이른 컴퓨터 과학과 인공지능 분야에 그가 미친 지대한 공헌으로 인해 '컴퓨터 과학의 아버지'라고 불린다. 미국 계산기학회는 튜링 상(Turing Award)을 제정하여 컴퓨터 과학에 중요한 업적을 남긴 사람에게 수여한다.

4-3. 에니그마는 세상에서 가장 어려운 문제죠

> 독일군 암호는 퍼즐이에요.
> 게임이랑 다를 바 없죠.

> 에니그마는 세상에서 가장 어려운 문제죠.

사람들은 독일 암호를 해독하려면 독일어를 잘 해야 한다고 생각했다.

- 전 독일어를 못합니다.
- 뭐라고? 그럼 대체 무슨 수로 독일군 암호를 풀지?

그러나 암호는 퍼즐이고 게임이고 그래서 수학이라고 튜링이 말한다. 실제로 암호문을 해독하는 것은 수학적 알고리즘을 분석하고 계산하는 것이다.

4-4. 자. 에니그마를 소개하지

> 자, 에니그마를 소개하지.

> 죽음을 부르는 기계라 할 수 있네.

네모 상자 모양의 에니그마는 그 안에 있는 회전체를 움직여 평문(메시지)을 암호문으로 바꾸는 기계이며, 그렇게 생성된 암호문을 말한다. 연합군은 장치를 사용하여 독일의 암호를 도청하고 기록할 수는 있었다. 문제는, 도청한 기록이 어떤 내용인지를 전혀 알 수 없었는데, 이것은 문장이 암호화되어 변형되었기 때문이다. 전쟁 중에 에니그마 상자를 전리품으로 획득하기도 했지만, 상자에 도청한 내용을 대입한다고 해도 암호를 풀 수 있는 것이 아니었다. 회전체 5개, 플러그판 10개. 경우의 수 1,500억에 10억 배수의 조합이 가능하다고 한다. 암호 설정이 다시 바뀌기 전에, 다시 말해서 18시간 안에 암호를 해독해야 할 만큼 두려운 상대였다.

- 죽음을 부르는 기계.

4-5. 에니그마 때문에 얼마나 많이 죽어가고 있는지 아나?

에니그마 때문에 영국군이 몇이나 죽었는지 아나?

암호 해독이 우리의 희망이야.

지금 대화하는 이 순간에도 영국 군인 3명이 죽어간다. 그만큼 절체절명 위기에 처한 상황이다. 도청된 독일군 암호의 경우의 수가 1,590억의 10억 배 수나 되는데, 만약 10명이 하나의 설정을 1분간 확인하면 2천만년이 걸린다고 한다. 그것을 20분 안에 해결해야 하는데,

- 암호 해독이 우리의 희망이야.

그것만이 우리가 살 수 있는 방법이라고 한다.

4-6. 영화 엔딩 - 1954년 튜링은 자살을 했다.

1954년 6월 7일 튜링은 자살했다.

오늘날 우린 그 기계를 '컴퓨터'라고 부른다.

튜링은 제2차 세계대전 당시 영국군 암호해독반에서 독일 잠수함 부대의 암호 에니그마를 1시간 만에 해독할 수 있는 '브리티시 봄베(British Bombe)'를 개발했다. 브리티시 봄베는 U보트를 앞세운 독일군의 작전을 격파하고 연합군이 승기를 잡는 데 결정적 역할을 했다. 그러나 영국은 그에게 가혹했는데, 1952년 당시에 범죄로 취급되던 동성애 혐의로 유죄 판결을 선고했다. 감옥에 가는 대신 화학적 거세를 받아야 했던 그는, 2년 뒤 청산가리를 넣은 사과를 먹고 스스로 생을 마감했다. 41살이었다. 영국 정부는 2009년 그를 처벌한 것을 공식적으로 사과했고, 2014년 엘리자베스 2세 여왕이 튜링의 동성애 죄를 사면했으며, 복권되었다.

튜링은 현대적인 '컴퓨터'라는 개념을 만든 천재였으며, '튜링 테스트'로 인공지능 개발에 필수적인 개념을 제시했다. 1966년부터 미국 계산기학회(ACM)에서 수여하는 튜링상은 컴퓨터 과학 분야에서 노벨상에 버금간다. 튜링상 수상자 중에, 1968년에 해밍부호를 만든 해밍(R. Hamming), 2002년에 RSA 공개키 암호를 만든 라이베스트, 샤미르, 애들먼, 또한 2015년에 디피-헬만의 공개키 암호시스템을 만든 디피와 헬만 등이 있다.

5 영화에서 만나는 수학·과학

5-1. 에니그마 경우의 수

에니그마는 1918년경에 독일인 슈르비우스(A. Scherbius)가 고안했다. 초기에는 상업적 목적으로 만들어졌으나 제2차 세계대전 동안 독일군의 군사 관련 정보를 암호화하는 데 사용되었다. 작동 원리는 다중치환(반복적으로 치환하는 것) 기법으로 성능을 개선했다. 독일군은 전쟁을 나갈 때마다 에니그마 상자를 항상 들고 다녔으며, 전쟁 승리에 큰 역할을 했다.

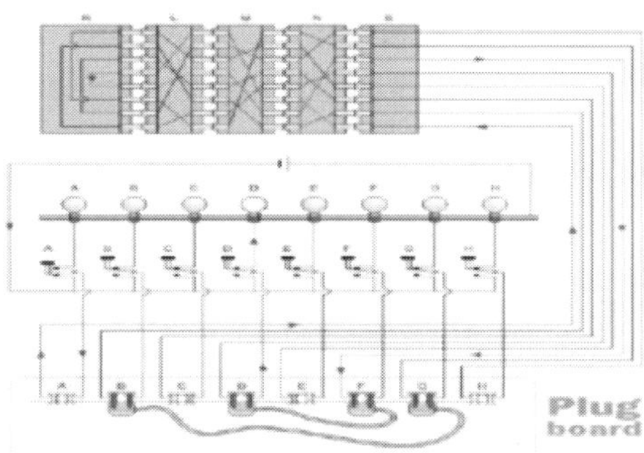

에니그마는 알파벳 자판, 회전자, 플러그판 그리고 전구판으로 구성되어 있다. 매번 사용할 때마다 서로 다른 연산 규칙이 적용되고, 그에 따라 수많은 에니그마 암호가 생성된다. 에니그마에서 회전자가 세 개인 경우를 생각해 보자. 알파벳 26자를 세 번 다중치환하면 $26^3 = 17576$개의 경우의 수가 나온다. 회전자를 임의로 변경하면 $6 \cdot 26^3 \cdot 26^3 = 1,853,496,656$ 개의 경우의 수인데, 그만큼 암호가 다양하게 생긴다는 것이다. 플러그판까지 변화를 주면, 실제 상상을 넘는 경우의 수가 된다.

5-2. 암호 이야기

사람들은 훨씬 오래 전부터 여러 종류의 암호를 사용해왔는데, 초창기 암호는 대부분이 군사적 목적에 활용되었다.

(1) 스키테일 암호

기원전 400년경에 고대 그리스의 스파르타에서는 전쟁터에 나가 있는 군대에 비밀메시지를 전할 때 다음과 같은 방법을 사용했다.

(ⅰ) 전쟁터로 나가는 군대와 본국에 정부는 각각 스키테일이라고 부르는 동일한 굵기의 원통 막대기를 나누어 갖는다.
(ⅱ) 비밀리에 보내야 할 메시지를 정부의 암호 담당자는 스키테일에 가느다란 양피지 리본을 위에서 아래로 감은 다음 옆으로 메시지를 적는다.
(ⅲ) 리본을 풀어내어 펼치면 메시지의 내용은 아무나 읽을 수 없게 된다.
(ⅳ) 같은 굵기의 원통 막대기를 가지고 전쟁터에 나간 사람만이 메시지를 읽을 수 있다.

스키테일 막대

이것을 스키테일 암호라고 부르는데, 스키테일은 '막대기'라는 뜻의 그리스어이다. 스키테일 암호는 인류역사상 가장 오래된 암호시스템의 하나이며 그 당시로서는 획기적인 암호 방법이었다. 그러나 오늘날의 수준에서 보면 조금만 노력을 기울인다면 공격할 수 있다. 리본을 가지고 전쟁터로 가는 도중에 문서 리본을 적군에게

빼앗겼다고 하자. 적군은 비록 원통 막대기가 없지만 몇 번의 간단한 작업을 거치면 암호문을 풀 수 있다. 예를 들어 다음의 문자열이 나왔다고 하자.

S Y B L C R E S E E R A C H T A Y P U O H I P H R U E M T Y I L S O O T D O F G

스키테일에 리본을 위에서 아래로 감았을 때 한 바퀴에 쓸 수 있는 문자의 개수를 c라 하자. c를 알아내면 되는데, 만일 $c=6$으로 하여 재배열해 보면 다음과 같은 표가 만들어져서 메시지의 내용을 알 수 있다.

S	E	C	U	R	I	T
Y	S	H	O	U	L	D
B	E	T	H	E	S	O
L	E	A	I	M	O	F
C	R	Y	P	T	O	G
R	A	P	H	Y	!	

security should be the sole aim of cryptography.

스키테일 암호는 전형적인 전치암호(transposition)체계이다. 이는 문자의 위치를 일정한 규칙에 따라 치환하는 시스템으로서 그 규칙을 모르면 본래의 메시지를 알아낼 수 없다는 가정 아래 암호문을 만드는 것이다. 예를 들어 메시지

I LOVE ROSE

에서, 이 메시지에 사용한 문자들 I, L, O, V, E, R, S의 위치를 뒤바꾸어 암호문을 만든다.

L VRSI OEOE

전치암호와 비슷한 암호기법으로 치환암호도 있다. 치환암호는 메시지에서 사용한

문자의 위치를 바꾸는 것이 아니라 메시지의 각 문자를 다른 문자로 바꾸는 암호를 말한다. 대표적인 치환암호로 카이사르 암호가 있다.

(2) 카이사르 암호(Caesar Cipher) (또는 시저 암호)

로마 군인이며 정치가였던 줄리어스 카이사르(또는 시저, J. Caesar, 기원전 100~44)는 통치 수단으로 암호를 사용했던 최초의 사람으로 불린다. 기원후 2세기경에 세토니우스(Suetonius)는 『카이사르의 생애』라는 책에서 '카이사르가 무엇인가를 비밀로 알리고자 할 때, 항상 암호를 사용했다. 알파벳의 순서를 바꾼 것인데, 다른 사람들이 알아보지 못했다.'라고 했다.

카이사르 암호판

카이사르의 암호 대응 규칙을 다음과 같이 표로 그려보자.

평문	a	b	c	d	e	f	g	h	i	j	k	l	m	n	o	p	q	r	s	t	u	v	w	x	y	z
암호문	D	E	F	G	H	I	J	K	L	M	N	O	P	Q	R	S	T	U	V	W	X	Y	Z	A	B	C

이 규칙에 따라, 문장

You can write a letter

를 암호문으로 만든다면

BRX FDQ ZUMWH D OHWWHU

이 된다. 암호문을 본래의 메시지로 바꾸는 작업(복호화)은 위의 표에서 반대로 아래에서 위로 대응시키면 된다. 예를 들어 암호문 'OHWWHU'를 복호화하면 원래의 메시지가 'letter'이었음을 알 수 있다. 사실 오늘날 관점에서는 낮은 수준의 암호이다.

(3) 암호이론

암호이론(cryptology)은 암호화와 복호화의 두 단계로 구성된다. 예를 들어 독일군 사령부에서 명령을 암호로 만드는 것이 암호화 단계이고 그 암호를 받아든 일선 군인들이 원래의 명령을 알 수 있는 언어로 복원하는 것이 복호화 단계이다. Crypt는 감추어진 글자라는 뜻이며, logy는 사유 또는 생각이라는 뜻의 그리스어이다.

6 영화 밖 이야기

6-1. 셜록홈즈 영화 〈춤추는 사람들 Dancing men〉

춤추는 사람들 Dancing men

영국의 한적하고 평화로운 곳에 사는 부부의 집에 어느 날부터 춤추는 사람들의 형태를 한 이상한 그림이 곳곳에 그려진다. 이 그림을 본 여자가 극심한 공포를 느끼며 살인의 두려움이 몰려온다.

탐정 홈즈는 이 그림들이 말하는 메시지가 사건을 해결하는 암호라고 생각한다. 그는 다양한 형태로 그려진 사람의 모습들을 통계적으로 분류해서, 암호가 말하는 원래의 뜻을 알아내게 된다.

메시지에서 사용되는 문자의 통계적 성질은 암호에서 중요한 역할을 한다. 영어 문장의 문자 출현 빈도표에서 보듯이 E가 가장 많이 나오고 그다음 T, A, O, I가 순서대로 많이 나온다. 그러므로 홈즈가 분석한 춤추는 사람 중에서 가장 많이 나온 모습은 아마도 E이거나, T, A, O, I일 가능성이 높다. 그러나 이것은 통계적 확률일 뿐이지, 이러한 추정이 항상 옳은 것은 아니다. 그러므로 긴 문장의 암호가 있으면 추정이 더욱 확실해진다.

영어문장에서 문자의 출현 빈도수							
E	12.7	H	6.1	W	2.3	K	0.08
T	9.1	R	6.0	F	2.2	J	0.02
A	8.2	D	4.3	G	2.0	Q	0.01
O	7.5	L	4.0	Y	2.0	X	0.01
I	7.0	C	2.8	P	1.9	Z	0.01
N	6.7	U	2.8	B	1.5		
S	6.3	M	2.4	V	1.0		

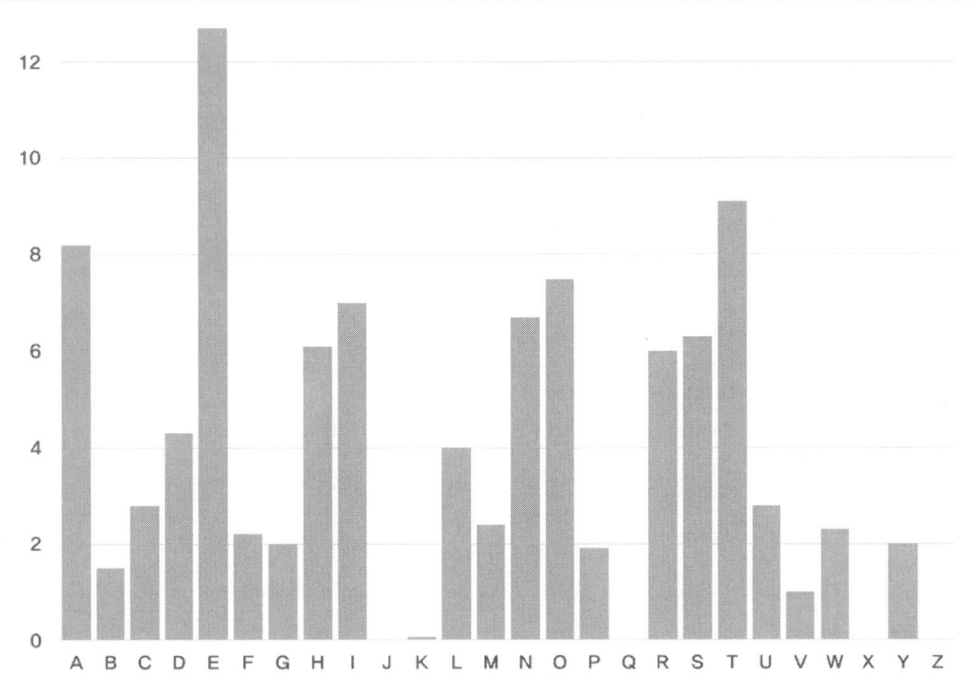

영어 문자뿐만 아니라, 두 문자 혹은 세 문자로 이루어진 문자열이 많이 나올 빈도수에 따라 구성된 표는 다음과 같다.

두 문자	TH, HE, IN, ER, AN, RE, ED, ON, ES, ST, EN, AT, TO, NT, HA, ND, OU, EA, NG, AS, OR, TI, IS, ET, IT, AR, TE, SE, HI, OF
세 문자	THE, ING, AND, HER, ERE, ENT, THA, NTH, WAS, ETH, FOR, DTH

예제. 다음의 암호문을 통계적 방법으로 복원하여 원래 메시지를 찾아라.

XLILSYWIMWRSAJSVWEPIJSVJSYVQMPPMSRHSPPEVWMXMWASVX-
LQSVILY-VVCFIJSVIXLIWIPPIVVIGIMZIWQSVISJJIVW

풀이. 암호문을 구성하는 문자들의 출현 빈도수를 조사하면

$$I = 14, \quad V = 13, \quad S = 12$$

등이 된다. 가장 큰 빈도수 14를 갖는 문자는 I이다. 이는 암호문에서 I가 확률적으로 메시지에서 e에 대응된다는 것을 보여준다. 따라서 암호화 키를 4라고 추정할 수 있으며, 그러한 추정을 바탕으로 암호문을 복호 하면 (이때 복호화 키는 −4) 다음을 얻게 된다.

the house is now for sale for four million dollars
it is worth more hurry before the seller receives more offers

오늘날 암호이론은 더 엄밀한 수학적 이론에 근거한다. 이 경우에 얻을 수 있는 큰 장점 중 하나는 암호시스템의 속도는 물론 안전성을 계산할 수 있다. 안전성에 대한 정확한 계산은 그 암호를 풀어내는 데 필요한 시간을 예측하는 근거를 제공해 준다.

6-2. 인류 최초의 컴퓨터

에니악(ENIAC, Electronic Numerical Integrator And Computer)이 세계 최초의 컴퓨터라고 오랫동안 알려져 왔는데, 이것은 펜실베니아 대학에서 1943년부터 약 3년에 걸쳐서 제작된 것이다. 초당 5,000번 이상의 계산을 하는 등, 이전까지 사용하던 컴퓨터보다 상당히 높은 성능을 발휘했다. 17,000개 이상의 진공관과 7만 개 이상의 저항기를 가져 무게가 무려 30톤에 이르렀으며, 고장도 잦고 전력 소모도 엄청났지만, 에니악은 미국 국방부에서 탄도 계산, 날씨 예측, 원자폭탄 개발 등 다양한 용도로 활용했다. 1947년부터 1955년까지 사용되었으며, 현재는 펜실베이니아 대학과 스미소니언 박물관에 역사적 자료로 보관되어 있다.

그러나 영국은 앨런 튜링의 아이디어를 바탕으로 1943년에 제작된 컴퓨터 콜로서스(Colossus)에 관한 내용을 뒤늦게 발표했다. 영국 정부는 1939년 비밀 시설인 '블레츨리 파크'에 우수한 과학자들을 모아 독일군 암호 해독 임무를 맡겼다. 그곳에서 '기계로 만든 암호는 기계로 풀어야 한다.'고 생각한 튜링은 2년에 걸쳐 암호 해독기인 '봄베(Bombe)'의 설계를 이끌었다. 봄베는 1943년에 세계 최초로 개발된 컴퓨터 콜로서스의 기술적 토대가 되었다. Colossus는 라틴어로 '거대한, 거인'이라는 뜻인데, 그 이름처럼 높이가 3m나 되고, 2,400개의 진공관을 이용해 암호를 전문적으로 푸는 컴퓨터였다. 전시 기밀이라는 이유로 비밀로 숨겨왔던 콜로서스의 공개로 인해 최초의 컴퓨터 자리가 다시 정해진 것이다.

6-3. 영국의 지폐의 얼굴-튜링

영국중앙은행은 2019년 7월 15일에 새 50파운드 지폐에 새겨질 인물로 천재 수학자 앨런 튜링을 선정했다. 영국중앙은행 총재는 '튜링은 컴퓨터 과학의 아버지이며 기계도 사고할 수 있는지' 질문을 던져 인공지능(AI)의 기초를 설정했다. 또한 '제2차 세계대전의 영웅'이라면서 선정 이유를 밝혔다. 현재 통용되는 50파운드 지폐 속 인물은 증기 기관을 발명하여 산업혁명에 중대한 역할을 한 제임스 와트(J. Watt, 1736~1819)이다.

Bank of England
Final
m-config. Symbol Operations m-config.
Fifty Pounds
"This is only a foretaste of what is to come
and only the shadow of what is going to be"
영국 화폐 50파운드

생각해 보기

1. 한글 빈도수

영어문장에서 알파벳은 E,T,A,O,I 순으로 많이 나온다. 그러면 한글에 자음 (기본자음 14개, 복합자음 5개) 중에서, 첫 자모의 발생으로 빈도가 높은 것을 알아보시오.

2. 한글로 만들어진 암호를 조사하시오.

3. 스도쿠

- 그럼 대체 무슨 수로 독일군 암호를 풀지?
- 크로스워드 퍼즐을 아주 잘 풉니다.

독일어를 전혀 모른다는 튜링에게, 그러면 무슨 방법으로 독일군의 암호를 풀어낼 수 있다는 것인지를 반문한다. 튜링은 마치 농담을 하듯이 자신은 크로스워드 퍼즐(십자말 풀이)을 잘 푼다고 하면서, 크로스워드 퍼즐을 잘 푸는 사람들을 팀에 영입한다.

크로스워드 퍼즐과 비슷한 게임으로 스도쿠(sudoku)가 있다. 가로와 세로 9칸으로 구성된 정사각형의 빈칸에 숫자 1부터 9까지의 정수를 써넣는 게임인데, 간단한 규칙을 갖는다.

(i) 어떤 가로줄에도 숫자가 중복되지 않도록, 1부터 9까지 숫자를 써넣는다.
(ii) 어떤 세로줄에도 숫자가 중복되지 않도록, 1부터 9까지 숫자를 써넣는다.
(iii) 굵은 선으로 표시된 가로, 세로 3칸인 작은 정사각형에도 숫자가 중복되지 않도록 1부터 9까지 숫자를 써넣는다.

스도쿠는 한문으로 수독(數獨)을 일본어 발음으로 읽은 것인데, 외로운 숫자라는 뜻이다. 모든 가로줄과 모든 세로줄에, 또한 작은 사각형에 중복되는 숫자가 없도록 만든다는 점에서 외로운 숫자처럼 보이기는 하지만, 사실은 '숫자는 단 하나로 제한'한다는 의미로도 이해된다. 일본어 스도쿠로 불리지만, 이 퍼즐을 처음 만든 사람은 미국의 건축가 간즈(H. Garns, 1905~1989)이다. 그는 1979년에 퍼즐 잡지 한 곳에 Number Place라는 제목으로 소개했고, 그것이 일본을 거쳐서 세계적으로 유명한 수학 퍼즐이 되었다. 스도쿠라는 이름 대신에 종종 숫자 넣기 게임(또는 넘버 플레이스 게임)이라고 부른다. 최근에는 컴퓨터 게임이나 휴대폰 게임으로 만들어질 정도로 인기가 높다.

그러나 스도쿠의 원조는 수학자 오일러(L. Euler, 1707~1783)이며 그의 라틴 방진(Latin square)이 출발점이다. 특별한 규칙에 따라 숫자를 배열하는 문제로서 $n \times n$인 정사각형의 각 칸에 1부터 n까지의 수를 넣는데, 스도쿠의 (i), (ii) 규칙을 적용한다. 그러기 때문에 스도쿠는 $n=9$인 라틴 방진, 즉 9차 라틴 방진이다. 처음 몇 개의 칸에 숫자가 주어지면, 퍼즐의 규칙에 따라 나머지 칸을 채운다. 그런데 아무렇게나 숫자를 넣어서는 완성하기 어렵다. 퍼즐을 풀기도 어렵지만, 스도쿠를 만드는 것도 쉬운 일은 아니다. 퍼즐이 풀리지 않는 경우도 있고 답이 두 개 이상인 퍼즐도 생긴다. 영화 〈네이든〉도 함께 읽자.

3-1. 스도쿠의 자세한 것은 다른 책을 찾아보고, 문제를 풀어보시오.

문제 1. 1부터 4까지의 숫자를 사용한다.

	2	4	
1			
			2
		3	

문제 2. 1부터 9까지의 숫자를 사용한다.

	4							
		1		3	4	6	2	
6		3					7	
			4	8	3	5		7
				5			6	
					9		4	
		5						1
8			5	4	7	3	9	6
				2	1			

문제 3. 1부터 9까지의 숫자를 사용한다.

7		2		4	8			
	8	5				7		
					2	6		3
			6		1	4		2
1		8	2					7
9			7			8		
					3		4	1
8	3			9			7	
	9		4	2			3	

3-1. 문제 1은 쉬우니까 각자 풀어보고, 문제 2, 3의 답은 아래와 비교해 보자.

문제 2 답

2	4	8	6	7	5	1	3	9
7	5	1	9	3	4	6	2	8
6	9	3	2	2	8	4	7	5
9	2	6	4	8	3	5	1	7
1	8	4	7	5	2	9	6	3
5	3	7	1	6	9	8	4	2
4	7	5	3	9	6	2	8	1
8	1	2	5	4	7	3	9	6
3	6	9	8	2	1	7	5	4

문제 3 답

7	6	2	3	4	8	1	5	9
3	8	5	5	1	6	7	2	4
4	1	9	9	7	2	6	8	3
5	7	3	6	8	1	4	9	2
1	4	8	2	5	9	3	6	7
9	2	6	7	3	4	8	1	5
2	5	7	8	6	3	9	4	1
8	3	4	1	9	5	2	7	6
6	9	1	4	2	7	5	3	8

무한대를 본 남자
(The Man Who Knew Infinity)

라마누잔 _ 수학사에서 가장 신비로운 사람

1 영화 소개(2016)

영화의 원작은 미국의 과학소설 전기작가인 카니첼(R. Kanigel)의 소설 <The man who knew infinity: A life of the genius Ramanujan>(1991)이다.

무한대를 본 남자

▎출연

- **데브 파텔(D. Patel): 스리니바사 라마누잔 역**
  인도계 영국 배우로서 2016년에 영화 〈라이언〉으로 골든 글로브상을 수상했다.

- **제레미 아이언스(J.J. Irons): 고드프리 하디 역**
  영국의 배우로서 〈행운의 반전〉(1990년)으로 아카데미상 등을 받았다.

2 제목 소개

<무한대를 본 남자>가 본 '무한'은 무엇일까? 원제목 'The man who knew infinity'을 그대로 번역하면 무한을 '알고 있었던' 사람이다. 무한은 우리의 경험을 넘어선, 실제로는 경험이 되지 않는다. 무한을 '이미' 알고 있었던 사람은, 무엇을 배워서 아는 것이 아니라, 그냥 원래부터 알고 있었던 사람이라는 뜻이지 않을까. 그만큼 보통 사람이 하는 수학보다 훨씬 비범한 방법으로 수학을 했던 사람이다. 영화에서도 '그냥 알아요'라는 말이 반복적으로 나온다.

3 영화 줄거리

라마누잔은 인도인이었는데

근래 수학 역사상 가장 낭만적이라고 할 인물

인도의 수학자 스리니바사 라마누잔(Srinivāsa Rāmānujan, 1887~1920)과 라마누잔의 연구를 지원한 영국의 수학자 고드프리 하디(Godfrey Hardy, 1877~1947)가 영화의 주요 인물이다.

라마누잔은 자신의 머릿속에 있는 수학을 세상에 보이고 싶었던 인도의 가난한 천재 수학자이다. 그의 천재성을 꿰뚫어 볼 수 있었던 하디 역시 수학사에 길이 남을 업적을 낸 영국 케임브리지대학의 교수이자 왕립학회의 외골수 수학자이다. 케임브리지대학의 대다수 사람은 영국의 식민지였던 인도 수학자를 초청하는 일에 난색을 보였지만, 그 반대를 무릅쓰고 라마누잔을 초청했다. 두 사람은 국적뿐만 아니라 신앙도 가치관도 성격도 모두 달랐다. 인도사람 라마누잔에게 여러 신이 있었다면 하디는 철저한 무신론자였다. 라마누잔이 직관적 수학을 했다면 하디는 엄밀한 증명을 추구했다. 또한 라마누잔이 젊은 나이에 결혼하여 가정을 이룬 반면에 하디는 독신주의자였다. 그러나 오로지 수학 연구의 열정으로 함께할 수 있었고, 모두가 불가능할 것이라고 여긴 위대한 공식을 증명하기 위해 무한을 연구했다.

4 영화 장면

4-1. 영화 시작 - 대부분의 위인들이 그렇듯이 스스로 만들어진 사람이었죠

저는 세상 그 누구보다 그에게 큰 빚을 졌고

대부분의 위인들이 그렇듯 스스로 만들어진 사람이었죠

인도 마드라스 1914년. 영화는 라마누잔이 그의 고향 인도에서 질병으로 사망한 후, 케임브리지대학의 하디 교수가 그를 추모하는 연설로 시작한다. 라마누잔은 역사상 가장 낭만적이고 이해할 수 없는 수학자이며, 하디 자신이 그와 나눈 수학적 교감이 얼마나 아름다웠는지를 추억한다.

- 저는 세상 그 누구보다 그에게 큰 빚을 졌습니다.

이렇게 말하는 하디 역시 수학사에 길이 남을 위대한 수학자 중 한 명이다. 그러나 하디의 말에 의하면, 천재들이 그렇듯이, 라마누잔은 누구에게 교육을 받고 수학을 배운 것이 아니라 스스로 만들어진 사람이었다.

4-2. 인도 마드라스의 무식한 사환이 보낸 편지

헌데 인도 마드라스의 무식한 사환이 보낸...

"제 소개를 드리자면 전 경리직 사환입니다."

라마누잔은 어린 시절부터 수학 능력이 뛰어났지만, 아무도 그의 재능을 알아보지 못했다. 가난과 교육환경으로 인해 천재성을 발휘하지 못하던 라마누잔을 알아본 또 다른 천재가 바로 영국 왕립학회의 하디였다. 라마누잔은 '제 소개를 드리자면 전 인도의 경리직 사환입니다.'라는 인사말로 시작하는 편지에 그동안 연구한 결과를 써서 영국의 저명 수학자 여러 명에게 보냈다. 편지를 받은 다른 사람들은 읽어보지도 않고 버렸지만, 단지 하디 교수만이 그의 편지를 읽고 놀라운 발견을 알아챈 것이다.

- 이 청년이 진짜라면 다시 생각해봐야겠는데요.
- 진짜일 테지. 누가 그런 걸 지어낼 수 있겠나?

하디는 1914년에 천재를 초청하는 마음으로 라마누잔을 영국 케임브리지대학으로 불러서 함께 연구를 시작했다. 영국의 지배를 받던 인도의 학위도 없는 사람을 초청하는 일은 쉽지 않았고, 모든 경비를 부담해야 했던 케임브리지대학 당국은 반대했다. 그러나 라마누잔이 천재라고 확신했던 하디의 초청을 받아 영국까지 오기는 했지만, 강의실에서도 식당에서도 인종차별과 종교 문제로 어려운 나날을 지낸다.

4-3. 1729는 아주 흥미로운 수인걸요.

번호부터 영 별로더니
뭐였는데요?

아주 밋밋해
1729

영화에서는 영국을 떠나는 라마누잔을 배웅하러 오면서 하디가 타고 온 택시의 번호가 1729로 나온다.

- 아주 밋밋한 수야. 1729
- 아니에요. 그 아주 흥미로운 수인걸요.

그러나 알려진 바에 의하면, 1729가 언급된 때는 라마누잔이 영국의 축축한 날씨 속에서 건강을 돌보지 않고 연구에 매진하는 가운데서 병에 걸려 입원해 있던 때였다. 라마누잔의 병문안을 간 하디는 별로 할 말이 없었는지 느닷없이 자신이 타고 온 택시의 번호판을 말했다.

- 하디: (심심한 표정으로) 타고 온 택시번호가 1729였는데, 아주 밋밋한 숫자이지?
- 라마누잔: (병원 침대에 누워서) 아닙니다. 그 수는 아주 흥미로운 수예요. 그 수는 두 정수의 세제곱의 합으로, 서로 다른 두 가지 방법으로 표현되고, 또 그렇게 되는 최소의 자연수예요. 실제로, $1729 = 1^3 + 12^3 = 9^3 + 10^3$입니다.
- 하디: (놀란 표정으로) 그럼 세제곱의 합이 아니라 두 정수의 네 제곱의 합으로, 두 가지 이상의 방법이 있는 가장 작은 자연수는 얼마이지?
- 라마누잔: (잠시 생각 후) 아주 큰 수입니다.

나중에 알게 되었지만, $635,318,657 = 59^4 + 158^4 = 133^4 + 134^4$ - 이것은 6억이 넘는 수이다. 그러나 이 수는 라마누잔보다 훨씬 전인 1761년에 오일러가 발견한 수였다.

병실에서 대화를 나누는 두 사람의 모습을 상상해보자. 라마누잔은 심한 병으로 인해 침대에 누워있는데, 오로지 머릿속으로 계산을 하고 있는 것이다. 아주 흥미로운 수라고 나온 1729는 수학에서 택시번호(Taxicab number) 또는 하디-라마누잔 번호라고도 불린다. 택시번호는 영화 <프루프>에서도 읽을 수 있다.

4-4. 그냥 알아요.

어떻게 알았지?

저도 몰라요.
그냥 알아요.

근대 수학사에서 가장 신비한 인물을 한 명만 꼽는다면 단연 라마누잔이다. 하디에 의해 발견되어 영국으로 오기 전까지 제대로 된 수학교육을 받은 적이 거의 없지만, 놀라운 수학을 수도 없이 쏟아냈다. 그것을 어떻게 알게 되었냐는 질문에 대해 '그냥 알아요', '그냥 생각이 떠올랐어요'라고 대답한다. 심지어 자신이 믿고 있는 여신이 계산과정을 알려주었다고 말한다. 아마도 무한을 미리 본 사람이었기 때문일까?

- 그 정리는 어떻게 알았나?
- 그냥 떠올랐어요.

그냥 아는 내용인데 그것을 증명하느라 왜 시간을 낭비하는지 모르겠다고 라마누잔이 말한다. 그의 놀라운 수학적 영감에 대해, 하디는

- 직관만으로는 안돼. 뒷받침이 있어야 해.

라고 한다. 여기서 뒷받침이 바로 수학적 엄밀성을 갖춘 증명이다. 영화가 진행되면서 라마누잔이 증명의 필요성을 알아가는 모습으로 나온다.

4-5. 영화 엔딩 - 라마누잔 같은 천재적인 사람들에 의해

라마누잔의 병은 인도로 돌아가는 동안 재발하여

그는 아내, 자나카와 1년을 지낸 후 32세의 나이에 죽었다.

인도에서 건강했던 라마누잔은 영국으로 온 후 건강이 나빠졌다. 인도의 뜨거운 날씨와 영국의 축축한 날씨뿐만 아니라 식생활 등에서 환경이 바뀐 탓이었을 것이다. 영국에서 치료를 받은 후 어느 정도 회복되어 고향 집으로 돌아갔다. 그러나 배를 타고 이동하는 도중에 병이 재발했고, 인도에서 1년간 가족과 함께 산 후 불과 32살에 사망했다.

영화의 마지막 장면은 첫 장면과 동일하다. 라마누잔은 1914년부터 1919년까지 단지 5년 동안 영국에 머물렀다. 그 5년 동안의 일을 추억하며, 하디는 그에게 너무나 큰 신세를 졌다고 한다. 그의 독창성은 놀라웠고, 그의 죽음으로 인해 큰 충격을 받았다.

5 영화에서 만나는 수학·과학

5-1. 택시번호

아주 흥미로운 수라고 나온 Taxicab number 1729의 관계식

$$1729 = 9^3 + 10^3 = 1^3 + 12^3$$

을 병상에 누운 라마누잔은 천재적으로 머릿속으로만 계산했다. 우리는 어떻게 할 수 있을까? 사실 라마누잔처럼 처음 생각해내기는 어렵지만, 다음과 같이 문제를 바꿔 써 보면 비교적 쉽게 해결할 수는 있다.

3차 방정식 $x^3 + y^3 = 1729$의 정수근 x, y를 구하여라.

우선 1729를 소인수분해 하면

$$1729 = 7 \cdot 13 \cdot 19$$

이다. 한편 3차 방정식 $x^3 + y^3$을 인수분해 하면

$$x^3 + y^3 = (x + y)(x^2 - xy + y^2)$$

이다. 그러므로 편의상

$$x + y = A, \quad x^2 - xy + y^2 = B \text{ (여기서 } A, B \text{ 는 정수)}$$

라고 치환하면,

$$AB = 7 \cdot 13 \cdot 19$$

이다. 여기서 A와 B의 값이 다음의 4가지 경우임을 알 수 있다.

A	1	7	13	19
B	$7 \cdot 13 \cdot 19 = 1729$	$13 \cdot 19 = 247$	$7 \cdot 19 = 133$	$7 \cdot 13 = 91$

($x^2 - xy + y^2 = B$는 $x + y = A$보다 크므로, $A = 7 \cdot 13$이며 $B = 19$와 같은 경우는 생기지 않는다.)

$x + y = A$로부터 $y = A - x$가 된다. 이것을 식 $x^2 - xy + y^2 = B$에 대입하면

$$\begin{aligned} 0 &= x^2 - xy + y^2 - B \\ &= x^2 - x(A - x) + (A - x)^2 - B \\ &= x^2 - Ax + x^2 + A^2 - 2Ax + x^2 - B \\ &= 3x^2 - 3Ax + A^2 - B \end{aligned}$$

즉, x에 관한 2차 방정식

$$3x^2 - 3Ax + A^2 - B = 0$$

이 된다. 2차 방정식의 근의 공식을 사용하여 근을 구하면

$$x = \frac{3A \pm \sqrt{(3A)^2 - 4 \cdot 3(A^2 - B)}}{2 \cdot 3} = \frac{3A \pm \sqrt{12B - 3A^2}}{6}$$

이다. A와 B의 4가지 가능성

$$(A, B) = (1, 1729),\quad (7, 247),\quad (13, 133),\quad (19, 91)$$

을 각각 적용해보자. 그런데 x가 정수가 되려면 적어도 제곱근 $\sqrt{12B - 3A^2}$ 안의

값인 $12B-3A^2$이 완전 제곱수이어야 한다.

만일 $(A,B)=(19,91)$이면

$12B-3A^2=9=3^2$이다. 따라서 $x=9$이며 $y=A-x=19-9=10$이다.

만일 $(A,B)=(13,133)$이면

$12B-3A^2=1089=33^2$ 이다. 따라서 $x=1$이며 $y=A-x=13-1=12$이다.

만일 $(A,B)=$ $(1,1729)$이면 $12B-3A^2=20745$이다. 한편 $(A,B)=(7,247)$이면 $12B-3A^2=2817$이다. 이 두수는 제곱수가 아니므로 x가 정수근이 되지 못한다.

따라서 3차 방정식 $x^3+y^3=1729$의 정수근은 $(x,y)=(1,12)$와 $(x,y)=(9,10)$이므로

$$1729=x^3+y^3=9^3+10^3=1^3+12^3$$

인 라마누잔의 택시번호를 알 수 있다. 이것을 기념하여 우표도 제작되었다.

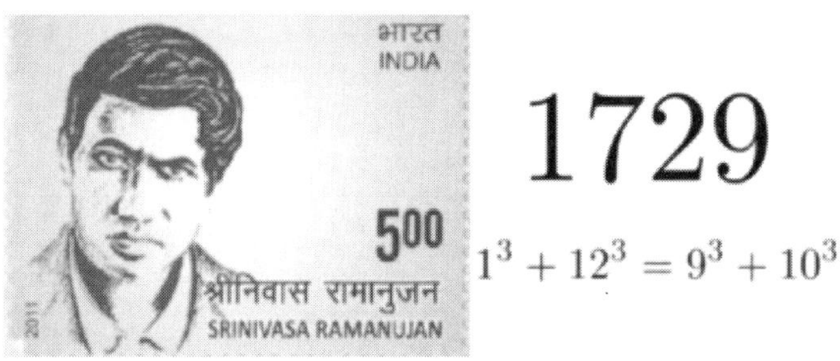

수학자들은 항상 무엇인가를 일반화시키고 그 패턴에 관심을 둔다. 두 개의 세제곱 수의 합으로 표현되는 수 1729로부터, 다음과 같은 수를 정의했다.

두 개의 세제곱 수의 합이면서 서로 다른 n가지 방법으로 표현되는 최소의 정수를 Taxicab(n)이라고 하자.

그러면 당연히 Taxicab(2) = 1729이다. 라마누잔이 사망한 지 18년 후인 1938에 하디(G.H. Hardy)와 라이트(E.M. Wright)는 모든 양의 정수 n에 대해 Taxicab(n)이 존재함을 증명했다. 그러나 실제로 밝혀진 예제는 다음의 6가지 경우이다.

Taxicab(1) $= 2$ $= 1^3 + 1^2$	Taxicab(2) $= 1729$ $= 1^3 + 12^3$ $= 9^3 + 10^3$
Taxicab(3) $= 87,539,319$ $= 167^3 + 436^3$ $= 228^3 + 423^3$ $= 255^3 + 414^3$	Taxicab(4) $= 6,963,472,309,248$ $= 2421^3 + 19083^3$ $= 5436^3 + 18948^3$ $= 10200^3 + 18072^3$ $= 13322^3 + 16630^3$
Taxicab(5) $= 48,988,659,276,962,496$ $= 38787^3 + 365757^3$ $= 107839^3 + 362753^3$ $= 205292^3 + 342952^3$ $= 221424^3 + 336588^3$ $= 231518^3 + 331954^3$	Taxicab(6) $= 24,153,319,581,254,312,065,344$ $= 28906206^3 + 582162^3$ $= 28894803^3 + 3064173^3$ $= 28657487^3 + 8519281^3$ $= 27093208^3 + 16218068^3$ $= 26590452^3 + 17492496^3$ $= 26224366^3 + 18289922^3$

5-2. 라마누잔의 분할이론

이건 자네도 이해할 수 있어

합이 4가 되는 숫자의 조합은 5가지라는 걸세

하디는 자신의 비서에게 말한다. '이건 자네도 이해할 수 있어' '자연수를 더해서 4를 만드는 방법이 5가지 있다는 거야.' 실제로

$$4 = 3+1 = 2+2 = 2+1+1 = 1+1+1+1$$

이다. 영화에서 나오는 분할이론은, 라마누잔의 많은 연구 중에서 아마도 일반인들도 쉽게 이해할 만한 것이다. 마찬가지로 자연수를 더해서 3이 되도록 만드는 방법은

$$3 = 2+1 = 1+1+1$$

과 같이 3가지 경우가 있다. 그러면 합이 5가 되도록 만드는 방법은 어떤가?

$$5 = 4+1 = 3+1+1 = 2+2+1 = 2+1+1+1 = 1+1+1+1+1 = 3+2$$

와 같이 7가지를 생각할 수 있다.

분할(partition)은 자연수 n을 여러 자연수의 합으로 나타내는 방법의 수를 말하며 기호 $p(n)$으로 나타낸다. (단, 더하는 순서가 다른 것은 동일한 것으로 취급한다.) 그러므로

$$p(3) = 3,\ p(4) = 5,\ p(5) = 7$$

이다. 영화에 나온 맥마흔(P.A. MacMahon, 1854~1929)소령은 1894~1896년에 런던 수학회 회장도 역임한 훌륭한 수학자이자 군인이었다.

- 맥마흔 소령이 몇 주에 걸쳐서 일일이 다 적어가면서 계산하여, 합이 100이 되는 조합이 자그마치 204,226가지가 있지.

$p(100) = 204{,}226$로 들리는데, 사실은 204,226은 50의 분할수 $p(50) = 204{,}226$이며,

$$p(100) = 190,569,292 \text{ 이고 또한 } p(200) = 3,972,999,029,388$$

이다. $p(1)$부터 $p(200)$까지 모두 다 계산하여, $p(200) = 3,972,999,029,388$를 만들려면, 우리가 앞에서 $p(4)$나 $p(5)$를 계산하는 것처럼 가능성을 모두 나열하여 계산할 수 있을까?

n	$p(n)$	n	$p(n)$	n	$p(n)$	n	$p(n)$
10	42	60	966467	110	607163746	160	107438159466
20	627	70	4087968	120	1844349560	170	274768617130
30	5604	80	15796476	130	5371315400	180	684957390936
40	37338	90	56634173	140	15065878135	190	1667727404093
50	204226	100	190569292	150	40853235313	200	3972999029388

- 그런데 그걸 공식으로 푸는 방법이 있다는 거야.

라마누잔을 인정하지 않던 맥마흔 소령은 라마누잔과 200의 분할수를 놓고 시합을 한다. 맥마흔은 $p(1)$부터 $p(200)$까지 모두 하나씩 쓰면서 계산하여,

$$p(200) = 3,972,999,029,388$$

를 만들었고, 라마누잔은 자신의 공식으로 그 값을 계산한 것이다.

- '어떻게 이런 발상이 떠오르나?'
- '모르겠습니다.'

하디가 라마누잔에게 물었다. 그냥 알았다는 말인데, 어쩌면 무한을 보았기 때문인지도 모른다. 라마누잔의 분할이론은 영화 <어메이징 메리>에도 나온다.

5-3. 또 한 명의 천재 - 고드프리 하디(G. Hardy, 영국, 1877~1947년)

무명의 라마누잔을 알아보고 영국으로 초청한 사람. 천재를 알아보는 비범함을 지닌 수학자가 하디이다. 그 역시 어려서부터 수학에 천재적이었으며, 1906년부터 케임브리지대학 트리니티 칼리지 수학과에서 조교수를 시작했다.

당시 영국의 수학은 뉴턴(I. Newton, 1642~1726)의 명성과 업적을 높이면서 고전적인 응용 수학을 중시하는 분위기였다. 하디는 학계의 지배적 위치에 있던 유체 역학을 거부하고 순수 수학의 개념을 적극적으로 발전시켰다. 1911년부터 리틀우드(J.E. Littlewood, 1885~ 1977)와 여러 분야에서 공동연구를 진행하였으며, 이는 곧 하디-리틀우드의 연구로 이어졌다. 이 두 사람의 공동연구는 수학사에서 가장 성공적인 사례이다. 심지어 덴마크의 수학자인 H. 보어(노벨 물리학상의 닐스 보어(N. Bohr 1885~1962) 의 동생)는 강의 중 이렇게 말했다. "요즘 영국에는 위대한 수학자가 단 세 명 있습니다. 한 명은 하디이고, 하디와 연구 동역자인 리틀우드가 있으며, 그리고 하디 - 리틀우드입니다."

하디와 리틀우드

어느 수학자의 변명

하디의 청년기였던 1905년 무렵, 그리고 노년기였던 1940년경은, 제1, 2차 세계대전으로 얼룩졌다. 제2차 세계대전의 동시대를 살았던 앨런 튜링(A. Turing, 1912~1954, 영국)은 자발적으로 영국 정부에 협조하여 전쟁 승리에 기여하고 응용 수학의 가치를 높였다. 영화 <이미테이션 게임>에서 볼 수 있다. 그러나 하디는 전쟁 중에 수학이 군사 목적으로 사용되는 것의 반발하여 자신의 연구를 철저히 순수 수학으로 집중했다. 하디 역시 전쟁 중에 영국 정부의 일에 협조하도록 부름을 받았지만, 그는 저서 <어느 수학자의 변명(A Mathematician's apology)>(1991)에서 이렇게 말했다.

> I have never done anything 'useful'. No discovery of mine has made, or is likely to make, directly or indirectly, for good or ill, the least difference to the amenity of the world.

> 나는 지금까지 어떤 '실용적'인 것도 하지 않았다. 나의 그 어떤 발견도, 직접적이거나 간접적이거나, 혹은 선을 위해서나 악을 위해서나, 이 아름다운 세상을 변화시키지 않았고 앞으로도 그러지 않을 것이다.

6 영화 밖 이야기

6-1. 라마누잔의 마지막 편지(Last Letter)

1976년 발견된 '잃어버린 노트'는

블랙홀의 활동을 이해하는 데 이용되고 있다.

'잃어버린 노트'는 라마누잔이 죽기 직전까지 연구했던 결과들을 모아놓은 것이다. 분실되었다가 1976년에 발견되었다.

- 1세기 후에 이 공식들은 블랙홀의 활동을 이해하는 데 이용되고 있다.

여기서 잃어버린 노트는 라마누잔의 편지를 묶어놓은 책이다. 가장 관심을 받는 부분은 하디에게 자기를 소개하는 첫 편지와 사망 직전에 보낸 마지막 편지이다. 그는 1920년 1월에 하디에게 편지를 보냈고 그해 4월에 사망했는데, 이 편지에서 아주 흥미로운 함수를 발견했다면서 설명했다. 하디가 이 편지들을 보관하고 있다가 수학자 왓슨(G.N. Watson)에게 직접 넘겨주었다. 왓슨이 사망한 후 그의 유품과 함께 케임브리지대학 도서관으로 보내졌으며, 그 후 사람들의 기억에서 잊혀졌다. 1976년에 미국의 수학자 앤드루스(G. Andrews)가 영국에 들러 도서관에 남아있던 상자에서 라마누잔의 139페이지짜리 묶음을 우연히 발견한 것이다. 앤드루스는 라마누잔과 그의 공식들은 자신의 지난 40여 년 경력에 막대한 영향을 끼쳤다면서, 자신도 하디의 말을 따라 할 수밖에 없다고 했다. '나는 이 세계에서 다른 누구보다도 라마누잔에게 큰 빚을 졌다.'

라마누잔(1887~1920) 때는 전혀 알지 못했던 블랙홀은 1950년이 지나서 연구되기 시작한다. 그런데 100년 전의 라마누잔의 연구가 블랙홀 활동을 이해하는 데 중요한 역할을 한다는 것이 얼마나 놀라운가.

6-2. 라마누잔이 본 무한

수학의 역사는 기원전 7,000년경부터 시작되어 오늘날까지 계속되고 있다. 그 장구한 역사 속에서 1900년대 이후의 수학을 현대수학이라고 부르는데, 그 분수령이 되는 곳에 칸토어(G. Cantor, 1845~1918)의 집합론이 있다. 무한을 수학적으로 연구한 것인데, 그렇다고 해서 무한이라는 용어가 칸토어에 의해 처음 사용된 것은 아니다. 자연수 집합 $\mathbb{N}$, 정수 집합 $\mathbb{Z}$, 유리수 집합 $\mathbb{Q}$ 또는 실수 집합 $\mathbb{R}$등은 무한히 많은 원소를 갖는 무한집합이다. 칸토어 이전의 수학자들에게 이러한 무한집합은 어마어마하게 너무 커서 사람들이 다룰 수 있는 수학적의 대상물이 아니라고 생각했다.

칸토어는 집합의 무한이론을 연구하여 29살 젊은 나이에 혁명적인 논문을 발표하였다. 오늘날에는 칸토어의 무한집합론이 모든 현대수학의 기초가 되고 있지만, 그 당시만 해도 너무 혁명적이어서 대부분 수학자조차 이해할 수 없는 것들이었다. 베를린대학의 크로네커(L. Kronecker, 1823~1891)는 무한집합론을 수학과 종교에 대한 중대한 도전으로 생각하여 칸토어를 심하게 공격했다. 이 과정에서 칸토어는 정신적 어려움을 겪으면서 결국 정신병원을 오가게 되었고 사망했다. 무한집합들 $\mathbb{N}$, $\mathbb{Z}$, $\mathbb{Q}$, $\mathbb{R}$의 크기를 일제히 무한의 기호 ∞로 표현했었지만, 칸토어는 다음의 사실을 알아냈다.

- 자연수의 개수는 정수의 개수와 똑같다.
- 자연수의 개수는 유리수의 개수와 똑같다.
- 그러나 자연수의 개수는 실수의 개수보다 적다.

실제로 함수

$$f : \mathbb{Z} \to \mathbb{N}, \quad f(n) = \begin{cases} 2n & n > 0 \\ -2n-1 & n \le 0 \end{cases}$$

를 만들어 $\mathbb{Z}$와 $\mathbb{N}$의 크기가 동일한 것을 설명했다. 또한 유리수 집합의 모든 원소를 자연수와 일대일 대응시키는 방법을 고안했다.

$$\mathbb{Q} = \left\{ \cdots, -2, -1, 0, 1, 2, 3, \cdots, \frac{1}{3}, \frac{1}{2}, \frac{2}{3}, \frac{4}{7}, \frac{8}{11}, \cdots \right\}$$

유리수 $\frac{a}{b}$를 (a,b)로 표현하자.

1	$\frac{1}{2}$	$\frac{1}{3}$	$\frac{1}{4}$	$\frac{1}{5}$	$\cdots$
2	1	$\frac{2}{3}$	$\frac{2}{4}=\frac{1}{2}$	$\frac{2}{5}$	$\cdots$
3	$\frac{3}{2}$	1	$\frac{3}{4}$	$\frac{3}{5}$	$\cdots$
4	$\frac{4}{2}=2$	$\frac{4}{3}$	1	$\frac{4}{5}$	$\cdots$
$\ddots$	$\ddots$	$\ddots$	$\ddots$	$\ddots$	

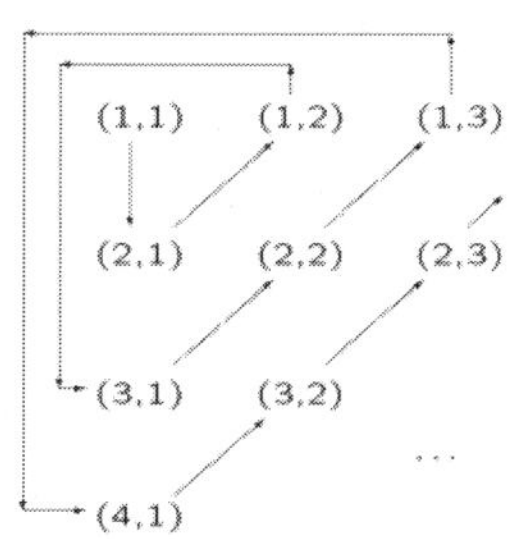

무한의 일반적인 기호는 ∞인데, 이것은 숫자 8이 옆으로 비스듬히 누워있는 모습이어서 게으른 8(lazy eight)이라고도 부른다. 무한의 기호 ∞은 끊임없이 순환하는 모양처럼 보인다. 그런데 칸토어는 무한보다 더 큰 무한도 있으며 무한보다 더 작은 무한을 무한히 만들어내면서, 무한의 숫자 체계를 다음과 같이 구성했다.

$\aleph_0$　∞　c　$\aleph$　$\aleph_0$　$\aleph_1$　$\aleph_2$　$\aleph_\alpha$

생각해 보기

- 왜 이런 걸 증명하느라 시간을 버리는지 모르겠습니다.
- 직관만으론 안 되네. 뒷받침이 돼야지.

1. 증명이 필요한가?

라마누잔은 이렇게 당연한 것을 증명하느라고 왜 시간을 낭비하는지 모르겠다고 말한다. 이에 하디는 논리적 뒷받침이 필요하다고 말한다. 라마누잔이 수학의 증명하기 싫어한 이유는 무엇인가. 수학에서 증명은 꼭 필요한 것인지 생각해 보시오.

2. 무한의 기호

보통 무한을 나타낼 때 사용하는 기호는 ∞이다. 무한을 표시하는 다른 기호인 $\aleph_0$, $\aleph_1$, $\aleph_2$, … 등을 조사하시오.

3. 분할수

$p(1)$, $p(2)$, $p(3)$, $p(4)$, $p(5)$, $p(6)$, $p(7)$을 구하시오.

4. 라마누잔

라마누잔은 $1+2+3+4+5+\cdots=-\frac{1}{12}$ 라는 식을 증명했다고 한다. 이 식에 대해 생각해 보시오. 영화 〈어메이징 메리〉를 함께 읽으면 좋다.

아인슈타인과 에딩턴
(Einstein and Eddington)

아인슈타인의 상대성이론과 에딩턴의 증명

1 영화 소개(2008)

영국 극작가이자 프로듀서인 모팻(Peter Moffat, 영국)의 각본으로 제작되었다.

아인슈타인과 에딩턴

▍출연

- **서키스(Andy Serkis): 알베르트 아인슈타인 역**
  〈반지의 제왕〉 시리즈에서 절대반지를 끝까지 포기하지 않았던 골룸(Gollum)역으로 2004년 각종 시상식의 연기상을 차지했다. 그 후 〈킹콩〉에서도 킹콩 캐릭터의 모션 캡처를 맡았다.

- **테넌트(David J. Tennant): 아서 에딩턴 역**
  BBC 공상과학시리즈 〈닥터 후(Doctor Who)〉의 10번째 닥터(2005~2010년) 역을 했으며, 〈해리포터와 불의 잔〉(2005) 등에 출연했다.

2 제목 소개

영화 제목은 두 명의 위대한 과학자 아인슈타인과 에딩턴의 이름을 그대로 사용했다.

아인슈타인(A. Einstein, 1879~1955)은 20세기 최고의 과학자 중 한 명으로, 일반상대성 이론과 광전효과를 연구하여 노벨물리학상(1921)을 받았다. 1905년에 5편의 논문을 <물리학 연보>에 출판했다. 3월 논문은 광양자에 대해, 4월 논문은 분자 크기에 대해, 5월 논문은 브라운 운동에 대해, 6월 논문은 특수상대성이론에 대해, 그리고 9월 논문은 에너지와 질량의 변환 공식 $E=mC^2$에 관한 것이었다. 이 연구들 모두 충격적이어서, 1905년은 과학사에서 길이 남을 연도가 되었다. 그는 스위스 취리히공과대학의 수학·물리교사를 양성하는 학과에서 공부했다(1896). 그 대학의 교수(1909)가 되었고, 후에 베를린대학 교수(1913)가 되었다. 1930년대에 나치 정권을 반대하고 전쟁 반대 입장을 적극적으로 표명했다. 나치 정권은 그의 집을 몇 차례나 수색하는 일을 벌였고, 그는 결국 미국 망명(1933)을 택했다. 미국 프린스턴 고등연구소에서 평생 일했으며 1946년에는 핵무기 통제를 위한 핵 과학자 비상 회의 의장을 맡았다.

에딩턴(A. Eddington, 1882~1944)은 영국의 천문학자이다. 퀘이커교도 가정에서 태어났는데, 어려서부터 수학적 재능이 뛰어났으며, 케임브리지대학 트리니티 칼리지에서 장학금을 받고 수학과 물리학을 전공했다(1902). 2학년생으로는 최초로 시니어 랭글러(Senior Wrangler, 영국에서 가장 위대한 지적 성취를 해낸 사람)에 케임브리지의 최고 수학 학부생으로 선정(1904)되었다. 졸업 후에 그리니치 천문대의 최고 조수로 임명(1906)되었고, 그 후 케임브리지대학 교수 및 천문대 전체를 감독하는 자리에 올랐다. 그는 항성 내부 구조의 이론적 연구를 했고, 일반 상대성 이론의 검증 실험에 성공했다. 상대성 이론에 관해서도 독창적인 연구를 전개하고, 이것을 우주 구조에 적용하여 독자적인 우주론을 제창했다.

3 영화 줄거리

제1차 세계대전 시절에 서로 적군 진영에 있는 두 명의 과학자 - 아인슈타인(독일)과 에딩턴(영국)가 있다. 이론물리학자인 아인슈타인은 자신의 이론을 직접 증명할 수 없었다. 천체물리학자인 에딩턴은 아인슈타인의 이론을 확인하기 위해 영국부터 아프리카까지 가서 관측을 했다. 이를 통해 뉴턴의 우주 이론이 지배하던 과학의 주류를 넘어 아인슈타인의 상대성이론이 인정받게 되는 과학사의 실제 이야기이다. 무명의 아인슈타인이 세계적 과학의 아이콘으로 오르는 때이다. 그러나 이들은 과학자이기 이전에 한 인간으로서, 아인슈타인과 첫 부인 밀레바와 갈등과 이혼하는 장면이 나온다. 또한 에딩턴의 동성애와 병역기피 문제도 함께 그려진다.

4 영화 장면

4-1. 영화 시작 - 만약 아인슈타인의 이론이 맞다면

> 1919년 서 아프리카 프린시페
> Principe, West Africa, 1919

> 만약 아인슈타인의 이론이 맞다면
> 우주에 대한 상식이 완전히 바뀌겠죠.

1919년 서아프리카 프린시페(Príncipe). 힘겹게 무거운 장비를 운반하며 일식 관측 실험을 준비하는 장면으로 영화가 시작한다. 아인슈타인의 상대성이론을 검증하려는 에딩턴의 실험이었다. 영국 정부의 지원을 받아 아프리카 프린시페섬까지 갔지만, 심한 비로 인해 실험 장비가 파손된 것은 물론 관측할 수 없을지도 모르는 상황이 되었다. 만약 아인슈타인의 이론이 옳다면 우주에 대한 상식이 완전히 바뀐다면서 긴장되고 초조한 마음으로 관측을 준비한다.

4-2. 이름이 어떻게 됩니까?

독일이 요구하는 사람이 하나 있긴 한데, 왜 그렇게 애쓰는지는 모르겠네.

이름이 어떻게 됩니까?

베를린대학에서 내로라하는 독일 과학자들을 모으고 있다는 소식이 영국까지 왔다. 베를린대학에서 애써 독일로 데리고 오려는 사람이 있는데, 영국에서는 그 이유를 알지 못한다. 자네가 그 사람의 논문을 보고 강연해 주게나. 그 사람 이름이 어떻게 됩니까?

- 알베르트 아인슈타인.

4-3. 독일로 돌아오게, 알베르트

막스! 막스 플랑크!

독일로 돌아오게, 알버트

아인슈타인은 스위스에서 아내 밀레바와 두 아들과 함께 평범하게 살고 있는 무명의 과학자였다. 그를 찾아온 막스 플랑크, 그는 노벨물리학상 수상자로 당시 독일 과학계를 이끌던 수장이었다. 베를린대학의 교수직에 높은 연봉과 연구비를 파격적으로 제시하면서 독일로 오라고 한다.

4-4. 뉴턴은 모든 걸 완벽하게 설명해 냈지만 …

우주의 모든 것은 질서가 있어

뉴턴은 모든 걸 완벽하게 설명해 냈지만…

뉴턴(I. Newton, 영국, 1643~1727)의 중력이론은 완벽했다. 뉴턴은 자연계의 모든 것을 완벽하게 설명해 냈다. 그러나 그는, 자신의 이론으로 설명되지 않는 부분은 신의 영역이라고 했다.

4-5. 뉴턴의 생각이 틀렸다는 걸 증명해냈단 말입니다.

아니, 저 사람이 …
그렇게 찬양하던 아인슈타인 맞습니까?

전 우주의 기본 법칙에 대한 뉴턴의 생각이 틀렸다는 걸…
증명해냈단 말입니다.

아인슈타인은 베를린대학으로 왔지만, 그의 자유분방한 생활은 전쟁을 준비하는 독일 분위기에 어울리지 못했다. 그에 대한 의심의 눈초리가 있을 때, 막스 플랑크가 그를 적극적으로 지지한다. 지난 200년 동안 과학을 지배해 온 것은 영국의 위대한 과학자 아이작 뉴턴의 중력법칙이었다. 전 우주의 기본 법칙에 대한 뉴턴의 이론의 모순점을 아인슈타인이 증명해냈다는 것이다.

4-6. 난 서명하지 않겠습니다.

선언서가 전 세계적으로 보내질 거야.
영국에까지 …

전 서명하지 않겠습니다.

전쟁을 앞두고 독일은 자국의 문화 예술계 인사들뿐만 아니라 그들의 과학자들에게 전쟁 지지 서명을 강요한다. 독일군에 대한 연대의식 성명서라고 하면서, 아인슈타인도 서명하도록 압박한다. 그런 요구에 대해, 그는 완전히 거절한다.

– 서명하지 않겠습니다.

4-7. 영화 엔딩 - 아인슈타인일까, 뉴턴일까?

아인슈타인일까,
뉴턴일까?

아인슈타인의 일반 상대성이론은
빅뱅과 블랙홀 우주의 팽창이라는
특별한 현상을 예언하였으며,
이로써 새로운 세대를 놀라게 하고
영감을 주었다.

차이가 있습니다.
아인슈타인이 맞습니다.

허나 에딩턴은 스포트라이트에서
멀어졌고 평생 과학적 지식과 자신의
신념을 다하는데 받쳤으며
오늘날 그의 업적은 거의
잊혀져 가고 있다.

시대적으로 아인슈타인은 뉴턴(1643~1727)보다 약 240년 후에 살았다. 240년 동안 과학은 끊임없이 발전해 온 것이다. 에딩턴의 노력으로 아인슈타인의 이론이 증명되었다. 아인슈타인은 세계적으로 독보적인 위치가 되었지만, 에딩턴은 아쉽게도 사람들의 기억에서 잊혀져 간다고 마지막 장면이 말한다.

5 영화에서 만나는 수학 · 과학

5-1. 아마 첫 단계가 뉴턴을 반증하는 거겠구만.

> 수성의 궤도만이 법칙에서 제외되었습니다.
> 왜일까요?

> 아마 … 첫 단계가 뉴턴을 반증하는 거겠구만.

전쟁으로 인해 베를린에서 힘겹게 지내는 아인슈타인에게 영국으로부터 에딩턴의 편지가 온다. 한 줄기 빛이 그의 연구에 온 것이다.

- 수성의 궤도만 법칙에서 제외되었습니다. 왜일까요?
- 이 질문에 답을 하는 첫 단계가 그동안 과학계의 정설로 인정되던 뉴턴의 이론을 반증해야 한다고 생각합니다.

수성(Mercury)은 태양계의 정규 행성 중 가장 작으며, 태양과 가장 가까이 있는 천체이다.

- 태양과의 거리: 가장 가깝다고는 하지만 태양과의 평균 거리는 약 5800만km
- 질량: 지구의 $\frac{1}{18}$로서, 지구 총질량의 0.05 수준
- 지름: 약 4900km로서, 지구 지름의 약 $\frac{2}{5}=0.4$ 정도
- 중력: 지구의 38% 정도로 약함. 지구에서 100kg인 물체는 수성에서는 38kg
- 밀도: 그러나 수성의 밀도는 지구 밀도의 98% 정도로 거의 비슷

영화에서도 나오듯이, 수성은 아인슈타인의 일반상대성이론을 검증하는 중요한 대상물이 되었다. 행성들은 태양 주위를 길쭉한 타원 궤도로 운행한다. 그런데 수성은 타원의 장축 방향으로 회전하는데 그 크기가 뉴턴의 중력 법칙으로 계산한 값보다 1백 년에 43초가 더 크다.

- 1초의 각은 $\frac{1}{3600}$도, 즉 0.0002777도

따라서 43초의 차이는 $43 \times 0.0002777 = 0.0119411$도가 된다. 100년에 0.0119411도 정도의 미세한 차이를 여러 과학자는 간과했으며, 한편 어떤 과학자들은 다양한 시도를 했지만 이론에 적합한 궤도를 관측하는 데 실패했다. 그런데 일반상대성이론의 방정식에 태양의 중력을 넣으면 놀랍게도 43초라는 값이 정확히 나왔다.

5-2. '프린시페'에서 일식을 완벽하게 관찰할 수 있을 거예요.

'프린시페' 라면 일식을 완벽하게 관찰할 수 있을 거에요.

같은 위치냐 다른 위치냐를 비교합니다.

영국 천문학에서 큰 영향력을 가졌던 다이슨(F.W. Dyson, 1868~1939)은 1919년의 일식을 관찰하여 아인슈타인의 이론을 검증하고자 두 탐험대의 파견을 제안했다. 전쟁 직후인 1919년 5월 29일, 그들은 아프리카의 프린시페(Principe)로 떠났고 일식이 일어나는 동안 태양 주위 별들의 사진을 찍었다. 아인슈타인의 이론에 따르면 태양 근처를 지나는 광선은 태양의 중력장으로 휘어지기 때문에, 별들은 그것들의 실제 위치보다 다소 차이를 보여야 했다.

에딩턴이 찍은 일식 사진 중 하나가 아인슈타인 이론에 따라 빛이 휘어지는 것을

명백히 보여주었다(1920년). 이 소식은 '과학의 혁명, 새로운 우주론'이라는 기사 제목으로 전 세계에 대서특필로 소개되었다. 과학계 내에서만 알려졌던 아인슈타인은 일약 세계적 스타가 된 것이다. 에딩턴은 전 세계를 과학으로 연결해 준 획기적 사건으로서의 1919년 탐험과 상대론을 대중화하려는 캠페인을 진행했다.

프린시페(점 표시)

5-3. 밀레바 마르치 - 대학 다닐 때 나랑 같이 연구할 거라며

애들한텐 연구 이야길 해 주면서 나한텐 안 해줘?

대학 다닐 때 나랑 같이 연구할 거라며

밀레바 마리치

아인슈타인의 아내 밀레바는 남편의 연구에 관심이 많으며, 연구에서 자신이 소외되는 것을 몹시 힘겨워하는 모습으로 나온다. 그러면서도 그녀는 아들 둘과 함께 베를린으로 남편을 방문하지만, 다시 아이들을 데리고 아인슈타인을 떠난다.

밀레바 마리치(Mileva Marić, 1875~1948)는 세르비아의 과학자이며, 아인슈타인(1879~1955)과 1903년 결혼하고 1919년에 이혼했다. 그녀는 오스트리아-헝가리 제국(오늘날 세르비아)에서 태어났다. 스위스 취리히공대의 수학·물리교사 양성하는 학과(1896)로 진학했다. 여기서 동급생 아인슈타인을 만났는데 그녀는 당시 여섯 명 동급생 중 유일한 여성이었다. 대학생이던 1901년에 아인슈타인의 아이를 임신하면서 그녀의 학업은 완전히 타격받았다. 결혼 전에 첫 딸을 낳았으나 사망 또는 입양되었다. 그 후 결혼(1903)했고, 아인슈타인은 스위스의 특허사무소에서 일했으며, 밀레바는 두 아들(1904, 1910)을 낳았다. 물리학자 막스 플랑크의 권유로 아인슈타인이 베를린으로 가면서(1913), 그 둘은 별거하게 되었다. 밀레바는 두 아들을 데리고 다시 취리히로 돌아온 후 이혼(1919)했고, 아인슈타인은 그해에 재혼했다.

밀레바가 두 아들을 양육했고, 아인슈타인은 이혼합의서에서 1921년에 받은 노벨상 상금을 밀레바와 아들들에게 양도할 것을 동의했다. 실제로 그렇게 했지만(1923), 그의 허락 없이는 돈을 사용할 수 없도록 만들었다. 엎친 데 덮친 격으로 둘째 아들이 조현병에 걸린 것이 밀레바에게 큰 어려움이 되었다. 첫아들은 성인이 된 후 어머니를 떠나 미국으로 옮겼다. 밀레바는 취리히에서 72세에 사망(1948)했고 둘째 아들은 정신병원에서 사망(1965)했다. 2005년에 밀레바를 기리는 기념비와 흉상이 설치되었고, 그녀의 이름을 딴 고등학교가 세워졌다.

밀레바의 연구: 그녀가 1905년의 아인슈타인의 특수상대성이론 논문들에 중대한 역할을 했다는 주장이 있다. 아인슈타인이 그녀에게 보낸 편지들의 내용과 또한 초기 논문들에 아인슈타인-마리치(Einstein-Marity)라는 서명이 있기 때문이다. 반면 밀레

바가 학문적으로 도움을 주었다는 증거가 없다는 주장도 있는데, 논문의 서명조차 도 스위스에서 관습적으로 하던 방식이라는 설명이다. 또한 밀레바가 아인슈타인의 아이디어를 수학적으로 체계화해주는 작업으로 연구에 협력했다는 점에 대해서도 엇갈리는 주장이 많이 있다.

그러나 밀레바 마리치는 과학 분야에 뛰어난 능력을 보인 영재 여성이었다. 여성에게 대학 교육이 허락되지 않던 시절에 스위스 취리히대학(1896)에 입학했는데, 취리히대학은 그 당시 여성 입학이 허가되던 유럽에서 몇 개 되지 않는 대학 중 하나였으며, 밀레바는 그 대학 역사상 다섯 번째 여학생이었다. 그녀는 수학과 물리학을 공부했다. 그러나 두 사람의 연애로 시작된 임신으로 밀레바의 충격은 상당했을 것이다. 또한 어려서부터 다리가 불편했던 밀레바의 결혼을 아인슈타인의 부모가 강하게 반대했던 정황으로 보아 학업과 연구를 지속하기 힘든 상황이 된 것이다. 혼전 임신과 출산, 사망(혹은 입양)한 첫 딸의 아픔, 그리고 극심한 결혼 반대로 인해 결국 밀레바는 졸업 논문을 중도 포기하고 자신의 재능을 잃어버린 채 살게 되었다.

5-4. 막스 플랑크 - 아인슈타인을 알아본 플랑크

막스 선생님! 막스 선생님!

절 베를린으로 데리고 오신 건 선생님이시잖아요

플랑크(Max Planck, 1858~1947)는 독일의 물리학자로서 뮌헨대학에서 물리학 공부(1874)를 시작했고 베를린대학에서 학위(1879)를 받았다. 뮌헨대학, 베를린대학의 교수를 하면서 카이저 빌헬름(Kaiser-Wilhelm) 학회의 회장을 역임(1930~1937)했는데, 그가 사망한 후 카이저 빌헬름 학회는 그의 이름을 기려 '막스 플랑크연구소'로 이름을 변경했다. 1899년 새로운 기본 상수인 플랑크 상수를 발견했고, 플랑크의 복사 법칙이라 불리는 열복사 법칙을 발견한다. 이 법칙에서 최초로 '양자'의 개념을 주창하여 양자역학의 실마리를 제공했으며, 노벨물리학상(1918)을 받았다.

플랑크의 또 다른 발견은 아인슈타인이었다. 아인슈타인의 '상대성이론' 논문(1905)을 한눈에 알아보고, 무명의 스위스 과학자에 불과하던 아인슈타인을 베를린대 교수로 초빙했고 독일에서 어려움을 겪는 아인슈타인을 지지해 주었다. 그 후 아인슈타인의 공간과 시간에 대한 상대성이론과 플랑크의 빛과 물질에 대한 양자이론이 결합해 통일된 우주 이론이 탄생했다. 노벨상 수상자였지만, 그가 처한 시대적 상황에서 불행했다. 제1차 세계대전 중에 과학계의 교류가 완전히 중단되는 것을 막고자 크게 노력하였다. 제2차 세계대전 중에 히틀러에게 유대인 과학자들을 차별하지 말도록 설득하려 했다. 그의 첫째 아들은 1차 세계대전 중 전사하였으며, 둘째 아들은 히틀러 암살 음모의 죄목으로 나치 수용소에서 처형(1945)되었다. 플랑크 자신은 제2차 세계대전 후까지 생존하였으나, 두 차례의 세계대전으로 인해 그가 아끼는 많은 유대인 동료들이 죽거나 망명하는 어려운 상황을 겪었다. 플랑크는 인격적으로 많은 동료와 후배들의 존경을 받았으며, 독일 민족주의와 나치즘 사이에서 균형을 유지하고자 애쓴 원로 중 한 사람이었다. 독일 과학계의 수장으로 후배 과학자 발굴과 과학계의 지도자로서 공을 세웠으며, 이는 독일 과학의 발전에 밑바탕이 되었다. 플랑크의 이름을 딴 '막스 플랑크연구소'는 세계적인 기초과학연구소이자 독일 과학기술의 자존심이 되었다.

6 영화 밖 이야기

6-1. 천문학 관측 - 성공과 실패

일식을 관찰하려면 원정대를 조직하고 관측할 정확한 지점에 정확한 시간에 가 있어야 했다. 수많은 계획과 큰돈을 들였지만, 비 오거나 구름 낀 날을 만나면 결국 아무 결과를 내지 못하고 끝낼 수밖에 없었다. 1918년에 다이슨(F.W. Dyson, 1868~1939)

은 아인슈타인의 이론을 확인하기 위해 두 팀의 원정대를 보내자고 했다. 에딩턴이 속한 팀은 서아프리카 연안 프린시페섬으로, 또 다른 천문학자인 크로멜린(A. Crommelin, 1865~1939)이 속한 팀은 브라질 북부 밀림의 소브랄(Sobral)로 가는 것이다. 1919년 브라질 원정대는 운이 좋았다. 날씨가 좋았고 약 6분간 개기일식이 일어났고, 덕분에 태양 주변에 보이는 별 일곱 개를 분석했다. 그 결과 태양이 있을 때와 없을 때 별들의 위치가 다르다는 결과를 얻었다. 한편 프린시페섬의 에딩턴 팀은 상대적으로 그렇지 못했다. 폭풍우로 인해 거의 실패로 되어가는 중에 일식의 마지막 단계에서 다행스럽게 비바람이 잦아들었다. 태양 주변에서 고작 다섯 개의 별을 분석했고 단 몇 장의 사진을 건질 수 있었다. 그리고 그는 별들의 위치가 차이가 난다는 결과를 얻었다.

6-2. 이프르 전투

천여 명도 넘는 젊은이들이 이 대학에서 만든 가스에 질식사했는데...

하루 만에 15,000명이 이프레강에서 죽었습니다.

이프르(Ypres)전투는 제1차 세계대전 중 벨기에의 이프레스 근처에서 독일군과 연합군(벨기에, 프랑스, 영국, 캐나다) 사이의 다섯 차례에 걸친 전투였다. 무려 수십만의 사상자가 나왔다. 영화에서 언급된 제2차 이프르 전투에서 독일군은 염소가스를 사용했고 약 15,000명이 사망했다. 독가스를 사용한 최초의 전쟁이었다. 영국 학회 등에서는 독일 과학자들을 추방하고 징계하자는 목소리가 높아졌다. 에딩턴도 그 전투에서 사랑했던 친구를 잃었지만, 그러한 일은 부당하다고 주장한다. 한편 염소가스 공격 소식에 아인슈타인은 분노했고 절망에 휩싸였다. 그로 인해 그는 대학에서 외면당하고 건강에도 큰 문제가 생겼다.

생각해 보기

1. 퀘이커교도 - 양심적 병역거부

자네는 퀘이커 교도라 참전하지 않겠구먼

우리 퀘이커 교도는 규범에 따릅니다.

퀘이커(Quaker)교는 폭스(G. Fox, 1624~1691, 영국)가 창시한 기독교의 한 교파인데, 퀘이커는 하나님 앞에서 크게 떤다는 뜻이다. 영국에서 많은 지지를 받지 못했던 퀘이커교도들은 영국의 종교 박해를 피해 신대륙 미국으로 이주하기 시작했다. 퀘이커교는 예배 장소나 별도의 성직자를 두지 않고, 그 대신 순수한 신앙을 강조하고 침묵을 통해 내면의 빛을 볼 수 있다고 하는 침묵 예배가 특징이다. 제1차 세계대전 중이던 1914년 영국은 징병제를 실시하지 않았다. 그러나 1916년에 새로운 병역법으로 징병제가 시행되었고 에딩턴도 징집대상자였다. 퀘이커교도였던 에딩턴은 종교적 이유로 병역거부를 신청하여 병역을 면제받았다. 그러나 1918년 병무청이 이에 항소하자 에딩턴은 양심적 병역거부를 신청했다.

2. 차별문제

남자들의 대화에선
빠지는 게 좋겠죠.

그런데, 이 방에 여자라니

게이 이론학자이지만
영국 최고의 관측소장이라네

더러운 독일 놈들!
볼 때마다 짜증나 죽겠어

퀘이커 교도의 종교문제뿐만 아니라, 이 영화는 곳곳에 여성문제, 게이문제, 인종문제등 여러 종류의 차별을 심어놓았다. 에딩턴의 누이동생은 남자들의 대화에서 자신은 뒤로 빠지겠다고 말한다. 베를린대학의 교수실에 여자가 들어왔다는 핀잔의 소리도 있다. 에딩턴이 성소수자 이론학자라는 비아냥도 있으며, 영국에서는 전쟁 중인 독일인들에 대한 탄압도 있다. 과학계의 인종, 성, 종교, 소수자 차별에 대해 생각해 보시오.

3. 에딩턴

– 아인슈타인일까, 뉴턴일까?
– 아인슈타인이 맞습니다.

영화 마지막 자막에서 '에딩턴은 잊혀져 간다.'라고 했지만, 에딩턴은 20세기 천체물리학자로서 천문학에 큰 공헌을 남기 과학자이다. 어렵기만한 과학 지식을 일반 청중들에게 정확한 언어로 설명할 수 있는 능력을 갖춘 사람이었다. 그러나 에딩턴에게도 불명예로 남아있는 일이 있는데, 인도의 물리학자 찬드라세카르와의 논쟁이 그것이다. 수브라마니안 찬드라세카르를 조사하고, 에딩턴과 찬드라세카르의 논쟁을 조사하시오.

4. 에딩턴 설명

에딩턴은 식탁보를 들고 그 가운데 큰 빵 하나를 던지면서 상대성이론을 설명한다.

이 공간과 항성에게 무슨 일이 일어날까요?
빵이 식탁보를 누르고 있잖아요. 식탁보가 푹 밑으로 쳐집니다. 항성이 공간을 휘게 만든다는 겁니다. 우주의 형태가 달라진 거지요.

자 그럼 이건 어떨까요?
작은 사과 하나를 다시 식탁보에 던지면 무슨 일이 벌어질까요?
사과는 일직선으로 나아가려고 하지만, 그렇게 되질 않네요.

왜 그럴까요?
빵이 식탁보의 모양을 휘게 만들어놓았거든요. 사과가 이미 휘어진 공간을 따라 이동한다는 겁니다. 네. 공간이 휘어진 겁니다. 휘어진 시공간. 그리고 중력이 작용하는거구요. 공간이란 물체를 움직이게 하고, 물체는 공간을 변형시킵니다. 바로 거기에 해답이 있는 거예요.

그럼 이것을 어떻게 증명할 수 있을까요?
만약 별빛이 태양 근처에 도달할 때, 무슨 일이 일어날까요? 휘어지지 않겠습니까? 빛이 굴절됩니다. 그게 아인슈타인의 이론이라구요.

문제 (ⅰ) 빛의 굴절을 조사하시오.
(ⅱ) 우리가 경험할 수 있는 빛의 굴절 현상에 대해 조사하시오.
(ⅲ) 물속에서 빛의 굴절 현상을 조사하시오.

마리 퀴리
(Radioactive)

두 번의 노벨상, 그리고 전쟁터의 마리 퀴리

1 영화 소개(2019)

영화의 원작은 레드니스(Lauren Redniss)의 소설 <방사성(Radioactive: Marie& Pierre Curie: A Tale of Love and Fallout)(2010)이다.

마리 퀴리

출연

- **파이크(Rosamund Pike): 마리 퀴리 역**
  심리 스릴러 영화 〈나를 찾아줘〉(Gone Girl)(2014)로 다수의 상을 받았다.
- **라일리(Samuel Riley): 피에르 퀴리 역**

2 제목 소개

새로운 원소 발견(1898), 남편과 공동 노벨상 수상(1903), 최초로 두 번의 노벨상 수상(1911)이라는 역사를 남긴 마리 퀴리(Marie Curie)를 영화 제목으로 했다. 그러나 이 영화의 원래 제목은 '방사성(Radioactive)'인데, 퀴리 부부가 발견한 라듐, 폴로늄의 물리적 성질을 말한다. 유사한 용어로 방사능(Radioactivity)도 있는데, 영화는 마리의 과학적 업적과 여성으로서의 사랑을 방사선(radioactive rays)처럼 연결 짓고 있다.

3 영화 줄거리

폴란드에서 태어난 마리 퀴리는 파리 소르본 대학에서 수학과 물리학을 전공했다. 뛰어난 능력에도 불구하고 여자여서, 폴란드인이어서, 그리고 타협하지 않는 집요한 성격으로 인해 연구실에서 쫓겨났다. 새로운 연구실을 찾지 못해 고민하던 차에 피에르 퀴리를 만나고, 그의 실험실에서 일하게 된다. 연구 동료로 가까워지면서 사랑과 결혼으로 이어졌고, 그들의 공동연구 결과로 노벨상을 받았다. 그러나 원래 마리의 연구주제였지만 노벨상은 피에르에게만 주어졌는데, 피에르의 노력으로 마리도 공동 수상자가 되었다. 갑작스러운 사고로 피에르가 사망하여 홀로된 마리는 계속 연구에 몰두한다. 당시 자신이 발견한 라듐이 건강에 미치는 영향까지 알지 못했던 마리는 질병 속에서 서서히 죽어간다. 그 가운데 제1차 세계대전 중에 X선을 활용하여 군인들을 치료하는 큰 업적을 남긴다. 여기서 X선은 정체불명의 광선이란 뜻으로 X로 불렀다. 그러나 그 성질을 알게 된 후에는 뢴트겐선이라고 부른다.

4 영화 장면

4-1. 영화 시작 - 퀴리 여사님

1934년 파리	1893년 파리

이미 고령이 된 마리 퀴리가 죽음을 앞두고 자신의 과거를 회상하는 것으로 시작한다. 폴란드 여성이 프랑스로 유학을 와서 겪는 차별 속에서도 용기로 버텨냈던 학생 시절과, 피에르 퀴리를 만나는 찬란한 순간이 그려진다. 남편과 사랑하고, 함께 연구하는 장면과 더불어, 임신과 출산, 그리고 양육. 그리고 절대 물러설 수 없는 연구로 불태웠던 삶의 기억이, 죽음을 앞둔 마리 퀴리에게 주마등처럼 기억된다. 영화 장면의 1934년 파리는 마리 퀴리가 사망한 연도이며, 1893년 파리는 마리가 피에르 퀴리와 결혼한 연도이다.

4-2. 내 연구소에서 나가달라는 걸세

마리아 스쿼로드프스카(Maria Skłodowska, 1867~1934)는 폴란드 바르샤바에서 태어났다. 후에 프랑스에서 학업과 연구를 하던 중 프랑스 사람 피에르 퀴리를 만나 결혼하면서 마리 퀴리(Marie Curie)로 이름이 바뀌었다. 폴란드 교육자 부부의 다섯째 막내딸인 마리는 어린 시절에 어머니와 언니의 사망으로 정서적 혼란을 겪었다. 사회적으로는 러시아의 지배를 받던 폴란드에서 고국의 언어나 역사 교육이 강하게 억압되고 있었다. 전 세계적으로 여성 교육이 제한되던 시절이기는 했지만, 러시아는 폴란드에서 여학생 교육을 더욱 강력히 금지했고 바르샤바 대학은 여학생의 입학을 철저히 불허했다. 어려서부터 지적 능력이 뛰어났던 마리는, 폴란드와는 달리 어느 정도 여학생의 입학을 허용하던 프랑스 대학으로 유학하고자 했다. 3년 동안이나 가정교사로 일하여 간신히 학비를 마련한 후, 프랑스 파리의 소르본 대학교에 입학하여 수학과 물리학을 전공했다(1891). 유명한 수학자 푸앵카레(Poincaré)와 물리학자 리프먼(Gabriel Lippmann, 1845~1921)에게서 배웠다. 마리는 최우수 성적으로 물리학과 수학 학위를 취득했고, 소르본 대학 최초 여성 물리학박사 학위를 받았다.

리프먼 교수님
강력히 항의하고 싶습니다.

그래서 내 연구소에서 나가달라는 걸세

마리 퀴리의 박사 학위 지도교수였던 리프먼은 마리를 자신의 연구소에서 쫓아낸다. 그는 프랑스의 물리학자로서, 빛의 간섭현상을 이용한 컬러사진 감광판 발명으로 노벨물리학상(1908)을 받았고, 소르본 대학 수리물리학 교수와 물리학연구소의 소장으로 일했다. 혁신적인 컬러사진법을 개발했는데(1891), 감광판을 현상하여 영상을 인화하면 놀랄 만큼 정확했다. 그러나 노출시간이 오래 걸렸고 또한 원판을 복사할 수도 없는 단점이 있기는 했지만, 컬러사진기술의 발전에 큰 역할을 했고, 광학과 전기학 분야에 크게 이바지했다.

4-3. 폴란드인, 여자, 그리고 거절

– 내가 폴란드인이어서겠지.
– 그건 아닐거야.

– 아니면 남자가 아니라서
– 그럴 순 있지만, 마리아...

마리는 연구소에서 쫓겨난 것에 대해 매우 분노한다. 자신이 프랑스인이 아니라 폴란드인이어서라고 생각한다. 또한 남자가 아니라 여자여서라고 생각한다. 새로운 연구소에 들어가기 위해 여러 곳을 찾아보지만, 모두 거절된다.

- 안 됩니다.

4-4. 피에르 퀴리예요. 함께 일하자고 제안하는 겁니다.

연구소에서 쫓겨난 건 참 안타깝게 생각해요

그 저명하고 단출한 공간을 같이 쓰자고 부탁하는 거예요.

상심에 빠진 마리는 폴란드로 돌아갈 생각도 한다. 우연히 피에르 퀴리를 만나게 되어, 그의 연구실에서 일을 시작하며 평생의 동반자가 된다. 영화에서 마리 퀴리의 모습은, 엄격하고 직설적이며 연구에 온 열정을 불사르는 성격인데 이렇게 소개한다.

- 그 과의 23명뿐인 여학생 중 한 명
- 리프먼 교수에게 맞선 학생
- 철의 자성에 관한 논문 발표

피에르 퀴리(Pierre Curie, 1859~1906)는 소르본 대학에서 수학과 물리학을 전공하였으며, 압전효과 및 방사선 분야를 연구했다. 소르본 대학교수와 과학 아카데미 회원을 역임하였다. 독신주의자였던 피에르 퀴리는 마리를 만나 35세에 결혼했다. 폴란드 여성인 마리 퀴리를 프랑스 과학계의 기득권들이 인정하지 않았을 때 그녀의 힘이 되어주었다. 그들은 결혼 후에 훌륭한 동반자적 연구를 함께했다. 우라늄 광석인 피치블렌드(pitchblende, 역청우라늄석)로부터 극소량 섞여 있는 염화라듐을 분리하여 발견했다(1898). 더 나아가 무려 8톤이나 되는 피치블렌드를 처리하여 0.1g의 순수 염화라듐을 얻었다(1902). 마리 퀴리와 노벨물리학상을 공동 수상(1903)한지 불과 3년 만인 47

세에, 마차에 치이는 불의의 사고로 사망했다. 피에르가 사망한 후 마리는 혼자서 염화라듐을 전기 분해하여 금속라듐을 얻었다(1910).

4-5. 노벨상 수상

우리 연구가 노벨상 후보에 올랐어.

그런데 후보로 내 이름만 올라갔어.

방사능 발견으로 노벨물리학상에 추천되었다. 그러나 마리는 제외된 채 피에르만 수상자로 결정된 것이다.

- 노벨상을 줄 거면 같이 받겠다고 했어.

다행히 피에르가 강력히 청원하여 마리와 공동 수상으로 변경되었다. 노벨상 시상식에서 피에르는 멋진 연설을 한다. 그러나 마리는 함께 참석하지 못한 채, 애 보고 살림이나 해야 하는 상황에 힘들어한다. 피에르 퀴리는 노벨물리학상 이외에 프란테상(1895), 루카스상(1901)을 수상했다.

4-6. 피에르 사망과 교수직 승계

퀴리 교수의 후임으로 마리 퀴리를 추천하고 싶습니다.

대단한 성취예요.
소르본 최초의 여성 교수.

1903년에 노벨상을 받은 후 얼마 지나지 않아 피에르 퀴리는 짐마차에 치여 사망했다(1906). 그 시절에는 방사능의 위험성이 알려지지 않았다. 이것은 퀴리 부부에게도 마찬가지여서, 보호복도 입지 않은 채 라듐을 취급하는 바람에 엄청난 열과 방사선에 노출된 것이다. 피에르의 직접 사인은 마차에 치인 교통사고였지만, 그는 이미 방사선 노출로 건강을 많이 잃은 상황이었다. 마리는 소르본 대학교에서 피에르의 후임으로 강의를 했는데, 마침내 소르본 대학의 최초의 여성 교수가 되었다.

4-7. 두 번째 노벨상 - 내 과학적인 삶과 사적인 삶의 구분하기 힘든거지

다시 노벨상 수상자로 선정했단 소식이야. 이번엔 화학상으로.

불필요한 논란은 피해야 하니 참석하지 않으면 좋겠대.

노벨물리학상을 공동 수상(1903)한 지 8년 후에 노벨화학상을 단독 수상함으로써, 두 개의 노벨상을 받은 최초의 수상자가 되었다. 그러나 그 사이에 있었던 유부남과의 불륜 문제로 마리는 큰 곤경에 처했고, 노벨상 수상도 위태해졌다. 그녀의 불륜은, 폴란드 출신의 유대인인 여성이라는 점으로 인해 과학계의 보수성과 남의 사생활 이야깃거리를 즐기는 프랑스 언론으로부터 치명적 공세를 받았다. 일상생활에서는 더러운 폴란드 여자라는 멸시를 받았으며, 남성들의 전유물이던 과학자 집단의 배타적인 분위기는 마리조차도 넘기 힘든 절벽이었다. 이러한 사건으로 인해 노벨상 위원회는 마리에게 노벨상 시상식에는 참석하지 말아 달라고 요구한다. 마리는 말한다.

- 내 과학적 삶과 사적인 삶을 구분하기 힘든 것이지.

4-8. 노벨상 메달을 내놓고

이 전쟁을 어머니의 전쟁으로 삼을 때가 됐어요

노벨상 메달이에요.
녹여서 전쟁 수행금으로 사용해 주세요.

1차 세계대전의 발발로 프랑스는 전쟁에 돌입되고, 수많은 젊은 군인들이 전장에서 부상을 당하는데, 의사들은 자세한 검사를 할 시설이 없어서 부상자들의 양다리, 양팔을 무작정 절단하고 있다. 마리의 딸 이렌은 마리가 발견한 방사선 물질을 사용해야 한다고 자신의 어머니를 설득한다. 이동식 방사선 촬영기로 병사들을 촬영하여 절단 여부를 결정해야 한다고 주장한다. 전쟁 중에 자금이 없다는 말에 자신의 노벨상 메달을 내놓기도 한다.

- 엑스레이 장비면 목숨을 구할 수 있어요.

4-9. 영화 엔딩 - 서로가 없었으면 아무것도 못 이루었겠지

그렇지만 서로가 없었으면 아무것도 못 이뤘겠지.

우릴 약하게 하는 게 우릴 강하게 만들지

마리에게 있어서 피에르의 죽음은, 남편이자 훌륭한 공동 연구자를 잃는 충격이었다. 한동안 헤어나지 못했지만, 다시 일어나 남편의 뒤를 이어 소르본 대학의 교수가 되었고, 노벨화학상을 받았으며(1911), 라듐 연구소도 완공했다(1914). 마리는 남편이 못다 이룬 일들을 해나가면서 두 딸을 길렀으며, 제1차 세계대전 전쟁터에서 질병 치료에 혁혁한 공을 세운다. 노년이 되고 방사선으로 건강을 잃은 마리 퀴리는 남편과 함께 이룬 업적을 기억한다.

위대한 발견은 인류에게 도움이 되는 방향으로 사용할 수 있다. 라듐은 암 치료, 영상의학, 문화재 보존, 식물 품종개량 등 인간에게 이로운 용도로도 잘 활용되고 있다. 특히 암의 중요한 치료법으로 활용되면서 방사선학(radiology)이라는 새로운 의학 분야를 개척했다. 마리 퀴리는 의학 분야에서 라듐의 활용이 점점 늘어날 것을 예측하고 각국에서의 모금 활동을 통해 많은 양의 라듐을 확보하는 데 힘썼다. 그 덕분에 마리의 라듐 연구소는 부족함 없이 연구를 진행할 수 있었고 많은 암 환자들을 살릴 수 있었다. 그러나 한편 원자폭탄과 같은 나쁜 용도로 활용되기도 했다.

5. 영화에서 만나는 수학 · 과학

5-1. 그런데 애초에 우라늄을 왜 살펴보는 거예요? 베크렐 때문에요.

근데 애초에 우라늄을 왜 살펴보는 거에요?

베크렐 때문이에요.
아주 훌륭한 과학자지요.

마리 퀴리는 베크렐의 연구 결과에 큰 관심을 가졌다. 앙리 베크렐(H. Becquerel, 1854~1908)은 프랑스 물리학자인데, 형광, 광화학 등을 연구한 알렉산더 베크렐의 아들이다. 인광 및 형광 현상을 연구하던 중, 독일의 뢴트겐(W.C. Röntgen, 1845~1923)이 X선을 발견했다는 소식을 듣고, 자신의 연구와 X선 사이에 연관성이 있을 거라고 추측했다. 베크렐은 모든 발광물질은 X선을 발생시킨다는 가설 아래, 실험을 통해 이를 증명하려 했다. 그는 우라늄염이 사진작용이나 형광작용, 공기 중에서의 전리작용을 한다는 사실을 밝혀내고, 이 현상이 뢴트겐이 발견한 X선의 성질과 비슷하다고 결론을 내렸다. 다만, 뢴트겐처럼 특별한 장치를 이용한 것이 아니었기에 우라늄염 자체에서 광선이 나온다는 점이 X선과 다르다고 했다. 베크렐은 이 광선에 '베크렐선'이라는 이름을 붙였다.

어느 날 베크렐이 우라늄과 사진 건판을 햇볕이 전혀 들지 않는 서랍에 뒀는데 사진 건판이 뿌옇게 변한 것을 발견했다. 마치 햇볕을 쬐었을 때처럼 건판 위에 우라늄의 상이 감광되어 나타난 것이다. 박사과정 중이던 마리 퀴리는 그 현상에 관심을 가졌다. 퀴리 부부는 베크렐선과 유사한 현상을 보이는 물질들이 자연계에 다양한 원소로 존재한다는 사실이 밝혀냈다. 그들은 이들 물질의 성질에 '방사능'이라는 이름을 붙였고, 새로운 방사능 물질인 토륨, 폴로늄, 라듐 등을 발견했다. 방사선 발견의 공로로 베크렐은 1903년에 퀴리 부부와 공동으로 노벨물리학상을 받았다.

5-2. 피치블렌드라는 특수한 광석이에요.

> 피치블렌드라는 특수한 광석이에요.

> 일단 광물을 으깨죠.
> 아주 힘든 일이에요.

역청 우라늄이라고 불리는 피치블렌드(Pitchblend)는 보통 검은색에 금속광택을 띠고 있다. 피치블렌드는 독일의 한 은광에서 처음 발견되었다. 독일어로 Pech는 검은색 또는 불운을 뜻하며, Blende는 광물이라는 뜻이다. 은을 채굴하는 도중에 이 광물이 나오면 은맥이 뚝 끊겨버리기 때문에 이 검은색 광물에 부친 이름이라고 한다. 그런데 피치블렌드에서 우라늄이 발견되고, 퀴리 부부가 라듐을 발견함으로써 피치블렌드는 귀한 전략 물자가 되었다.

5-3. 폴로늄과 라듐입니다. - 방사능이라고 부릅니다.

이제 새로운 원소 두 개를 소개합니다.

폴로늄과 라듐입니다.
광선을 방출합니다.

1898년, 퀴리 부부는 피치블렌드에서 우라늄보다도 훨씬 강한 방사선을 방출하는 물질을 성공적으로 추출했다. 그것이 바로 폴로늄(Polonium)인데, 피치블렌드에 포함된 폴로늄의 양은 아주 극소량이었다. 이 물질의 이름 폴로늄은 마리의 고국 폴란드에서 따 왔는데, 그 당시 러시아의 압제로 고통을 받고 있던 폴란드의 독립을 바라는 마음이었다. 종종 라듐 F라고도 불리며, 화학 원소 기호는 Po, 원자 번호는 84이다.

그로부터 5달 후에 그들은 피치블렌드에서 라듐(Radium)을 새롭게 발견했는데, 광석 10톤에 1g도 안되는 미량이 들어있다. 우라늄보다 무려 100만 배의 방사선을 내는 라듐은 외부에서 에너지를 받지 않고도 스스로 빛을 방출하는 원소이므로, '광선'을 뜻의 라틴어인 라듐이라는 이름을 지었다. 라듐의 원소기호는 Ra, 원자번호는 88이며 반감기는 1600년이다.

1898년에 퀴리 부부는 radio(방사)와 actif(활동성)의 합성어로 방사능(radioactivity)이라는 이름을 붙였다. 그들은 이 사실을 학계에 보고했지만, 외국 출신 여성 과학자의 의견은 무시되었다. 그들은 발견한 물질을 다량 정제하여 그 원자량을 결정하는 추가 연구를 시작해 4년 만에 완성했다. 그 결과 '자연에 존재하는 방사능 발견'의 공로를 인정받아 베크렐과 퀴리 부부는 노벨물리학상을 공동 수상했다(1903). 지구상에 매우 희귀한 물질로서 방사성이 매우 강하며 강력한 방사선을 내뿜기 때문에 인체에 매우 치명적이다.

5-4. 사용요청서 - 우린 라듐 특허가 없으니까 마음껏 쓰시라고.

우린 라듐 특허 없으니까 마음껏 쓰시라고

브로드웨이에 방사능 테마의 뮤지컬이 대유행인 거 알아?

퀴리 부부는 라듐 기술을 독점하여 이익을 내기보다 라듐 연구가 활발히 이루어지길 원하면서, 특허출원 대신 라듐 기술을 개방했다. 연구 분야에서뿐만 아니라 일반 사회에서 라듐은 선풍적인 인기였는데 '방사능 향 소금, 방사능 탈모치료제, 방사능 성냥, 방사능 담배, 방사능 초콜릿' 등등 생활용품 전반에 사용되었다. 심지어는 브로드웨이에서 방사능을 테마로 한 뮤지컬이 대유행이기도 했다.

특히 여성들에게 더 인기가 높았는데, 방사능 물질이 스스로 빛을 내는 성질로 인해 어두운 곳에서도 반짝거렸기 때문이다. 어둠 속에서도 반짝거리는 입술이나 손톱을 가질 수 있었고, 라듐을 넣은 로션 등 방사능 화장품은 대박 상품이 되었고, 라듐을 넣은 방사능 치약은 치아가 반짝거리도록 했다. 또한 어두운 곳에서 발생하는 푸른 빛으로 인해 야광 페인트로도 사용되었고, 특히 영화 상영 포스터를 그릴 페인트에도 라듐 성분이 들어갔다. 밤중에도 잘 보이는 시계를 만들기 위해, 시곗바늘과 자판을 라듐 페인트로 도색했다. 시계공장에서 일하는 사람들은 라듐을 칠하는 붓끝을 뾰족하게 다듬느라 붓에 입술을 댔다. 순수한 라듐을 깨끗하게 닦으면 밝은 흰색으로 표면이 보이며 분홍색의 불꽃을 내며 연소하므로 사람들로부터 관심받기에 충분했다. 더욱이 질병 치료는 물론 정신장애 치료에까지 효과가 있다는 아무 근거 없는 주장들이 생겨났다. 만병통치약인 줄 알고 기침약에도 라듐을 섞으면서 무분별하게 사용되었다.

5-5. 라듐이 병을 만든다는 소문이 있어요.

라듐이 병을 만든다는 소문이 있어요

심각한 빈혈증이래요

라듐은 위험한 방사성 물질이다. 오늘날에는 잘 알려진 사실이지만 라듐을 발견한 초기에는 알지 못했다. 라듐 연구소에서 일하던 사람들에게 빈혈과 백혈병이 종종 발생했다. 피에르 퀴리는 마차 사고로 사망하기는 했지만, 백혈병으로 인해 이미 극도로 병약해진 상황이었다. 마리 퀴리는 백혈병으로 사망했고, 그녀의 딸 이렌 퀴리도 마찬가지였다. 연구를 위해 늘 방사능 원소들을 끼고 살았던 퀴리 가족은 상당한 분량의 방사선에 노출되었다. 라듐이 든 시험관을 들고 있는 것만으로도 피부가 화상 입은 듯 벗겨졌는데, 더구나 전쟁 당시 병사들을 치료하기 위해 방사성 물질을 항상 들고 다닌 것이 치명적이었다. 라듐의 위험성을 알지 못한 채, 마리와 연구원들은 방사능에 지속적으로 노출되었다.

일반 사회에서도 시간이 흐르면서 방사능에 노출된 사람들이 죽어갔다. 랴듐에 대해 잘 알지 못하는 상황에서 무분별하게 사용하던 많은 사람 - 영화관, 시계공장에서 일하던 사람 중에 궤양, 종양 환자들이 생기기 시작했고 사망자가 늘어났다. 화장품, 스타킹, 연고, 치약 등 거의 대부분 물건에 사용될 정도로 대유행이었던 라듐의 위험성이 점차 알려지면서 선풍적 인기를 끌던 시장에서 외면되어갔다. 라듐은 1931년 시판이 금지되었는데, 그 위험성을 깨닫는 데 20여 년이 걸린 셈이다.

5-6. 라듐이 암을 치료할 수 있대?

라듐이 암을 치료할 수 있대

영화라듐을 종양에 투여했더니 크기가 현격히 수축했다.

라듐 종양에 라듐은 해로운 높은 에너지의 방사선을 많이 방출하는데 몸에 흡수되면 칼슘처럼 뼈에 쌓인다. 뼈에 쌓인 라듐이 방출하는 방사선은 뼈의 골수에 충격을 주고 적혈구를 만드는 조직을 파괴하며 뼈에 암세포를 만들기도 한다. 더욱이 강한 방사선은 아예 세포를 파괴한다. 금방 눈에 띄는 피해를 주는 것이다. 그보다는 약한 방사선은 세포를 죽이지는 않지만, DNA에 영향을 줄 수 있는데, 이것은 암과 같은 돌연변이를 일으킬 수 있다는 의미다.

그러나 아이러니하게도 라듐이 암 치료에서 효과적으로 사용될 수 있음이 확인되기도 했다. 영화에는 1957년에 미국 클리블랜드 병원에서 암에 걸린 어린아이를 치료하는 장면이 나온다. 전 세계에서 다섯 번째인 선형가속기를 사용하여, X선보다 높은 투과성을 가진 라듐의 방사선으로 효율적으로 암 조직을 파괴하는 것이다. 그 후 방사선을 종양 치료에 이용하는 라듐요법이 개발되었고 이로 인해 수많은 암 환자들이 치료받게 되었다. 오랜 세월이 지나면서 라듐을 적절히 사용할 수 있는 방법도 연구된 것이다. 암은 지난 2천 년간 인류에게 불치병이었는데…

6 영화 밖 이야기

6-1. 자연의 비밀을 아는 것이 인류에게 득이 되는가? 그 혜택을 누릴 준비가 됐는가?

이 지식이 인류에 무해할 것인가?

유익하게 쓰리라 믿습니다.

노벨상 수상 연설에서 피에르 퀴리는 라듐이 범죄자 손에 들어가면 위험한 물질이 될 수 있다고 경고했다.

- 라듐이 범죄자의 손에선 위험해질 수 있습니다.
- 이런 의문이 제기될 것입니다.
- 자연의 비밀을 아는 것이 인류에게 득이 되는가?
- 이 지식이 인류에 무해 할 것인가?

"자연의 비밀을 캐는 것이 인류에게 얼마나 도움이 되고, 발견한 것을 제대로 활용할 수 있을 만큼 인류는 성숙한가"에 대해 질문을 남겼다. "노벨의 발견이 좋은 예입니다. 고성능 폭약은 훌륭한 일을 이루게끔 도와줬지만, 범죄자들의 손에선 인류를 전쟁으로 이끌었습니다. 저는 노벨과 마찬가지로… 인류가 새로운 발견을 해롭게 쓰기보다 유익하게 쓰리라고 믿습니다."

6-2. 라듐에 대해 얘기해 봅시다.

라듐에 대해 얘기해 봅시다.

방사능은 핵의 붕괴로 입자나 방사선이 방출되는 것으로

- 방사능은 핵의 내부 구조가 불안정해서 생깁니다.
- 핵의 불안정성 때문에 방출되는 입자를 말합니다.

마리 퀴리는 소르본 대학교수가 되었고 항상 라듐을 가지고 다녔다. 그녀가 1934년에 사망하자 남편 피에르 옆에 묻혔다. 1995년에 프랑스 정부는 국가 영웅들이 안장되는 파리의 팡테옹으로 퀴리 부부의 유해 이장을 결정했다. 그 묘지를 정리하는 도중 예상치 못한 일이 드러났다. 사후 60년이 지났지만, 마리의 유해에서 여전히 상당량의 방사선이 방출되고 있는 것이었다. 이에 납으로 특별 제작된 관으로 유해를 옮겨 방사선을 차단한 이후에 이장했다.

또한 그녀가 사용했던 노트나 물품들에서도 마찬가지 일이 벌어졌다. 파리 국립도서관 지하 서고에는'퀴리의 실험 노트'들이 있는데, 라듐을 발견했던 순간의 감동을 쓴 글은 물론 연구에 관련한 많은 자료이다. 그런데 그 노트들이 실험실에서 방사선에 노출되고 오염되어 100여 년이 지난 지금도 방사선을 방출하고 있다. 함부로 손으로 만질 수도 없고, 폐기하지도 못하기 때문에, 납으로 밀봉되어 보관되고 있다. 이 노트를 보려면 열람 후 생길지도 모르는 피해에 대해 각서를 써야 한다고 한다. 그녀의 실험 도구를 비롯한 모든 물품 역시 납으로 만든 특수 용기에 밀봉 보관되고 있는데, 라듐의 반감기인 1600년이 지나야 만질 수 있다.

마리의 방사선 피폭량은 어느 정도일까? 노트는 120(킬로베크렐)kBq(=3.2 microCu(마이크로큐리)) 수준의 방사선을 방출하는데, 동일본 대지진 직후에 후쿠시마 해역에서 잡힌 생선에서 검출된 방사선량의 5,000배가 넘는 수치다.

6-3. 이 엑스레이 장비면 목숨을 구할 수 있어요.

검사할 시설이 없다고 무턱대고 절단하고 있어요.

이 엑스레이 장비면 목숨을 구할 수 있어요

1903년, 1911년 두 번의 노벨상 수상자, 최초의 여성 수상자로서의 마리 퀴리는 과학계에서 잘 알려졌다. 그러나 일반 사회에서는 제1차 세계대전 중에 과학자로서의 헌신으로 인해 더 유명했다. 세계대전으로 인해 수많은 군인 부상자가 속출했다. 이들의 치료는 전적으로 의사가 보고 판단하는 수준에 의존되었고, 치료를 위해 부상자 신체 일부분을 절단하는 일이 비일비재했다. 마리 퀴리는 자신의 전공인 '방사선학'을 이용해 X선 사진으로 부상병들의 상태를 확인하는 계획을 했다. 그녀는 X선 촬영기를 장착한 구급차를 직접 몰고 당시 의료계에서조차 생소했던 'X선 촬영기술'을 익힌 후 방사선 촬영기사로 전선에 뛰어들었다. 퀴리의 X선 기계는 부상자들의 총알과 포탄이 어디에 박혔는지 찾아낼 수 있어 수많은 생명을 구하는 데 큰 역할을 했다. 딸 이렌도 X선 기사 조수로 활약했다.

프랑스 곳곳의 전장터에 방사선 촬영기가 배치된 치료소가 설치되었고, 마리 퀴리는 '작은 퀴리(Little Curie)'라고 불리는 X선 장치를 탑재한 차량으로 프랑스 전역을 돌아다녔다. 전쟁 당시 20대 정도가 만들어졌으며 100만 명 이상의 부상병을 진단했다. 이 공로로 1922년에는 파리 의학 아카데미 회원으로 임명되어 방사성 물질을 의학적으로 활용하는 연구에 앞장섰다.

그러나 마리는 이 동안에 상당한 방사선에 또 노출되었다. 또한 자신의 재산을 모두 헌납하였으므로 전후 연구자금이 부족해 더 이상 라듐 연구를 할 수 없는 지경에 처했다. 미국의 여러 언론에서는 마리 퀴리가 라듐에 대한 특허권을 포기하고 프랑스를 위해 엄청난 희생을 했음을 보도했고, 전 세계적인 모금 운동이 전개됐다. 라듐에 대한 특허권을 왜 신청하지 않았느냐는 질문에 '라듐은 하나의 원소이며 모든 사람의 것'이라고 마리가 답했다. 미국에서도 상당액의 모금이 이루어졌고, 프랑스 은행과 자선단체에서도 도움을 받아 연구자금을 마련했다. 마리는 라듐 연구소(현재, 퀴리 연구소)의 운영을 재개하여 방사성 원료를 풍부하게 축적했고 이것은 곧 비약적인 연구 성과로 이어졌다. 마리 퀴리는 의학 분야에서 라듐의 활용이 점점 늘어날 것으로 예측하고 각국에서의 모금 활동을 통해 많은 양의 라듐을 확보하는 데 힘썼다.

1차대전 중 퀴리의 X-선 트럭

6-4. 퀴리 패밀리

이렌과 함께 연구 중입니다.

우린 방사능이 몇 단계쯤 나아갈 수 있다고 믿어요

이렌 퀴리(Irène, 1897~1956)는 퀴리 부부의 첫째 딸이다. 이렌은 마리로부터 배우며

라듐 연구에도 동참했고, 폴로늄의 알파 입자에 관한 연구로 박사 학위를 취득했다. 후에 연구소 동료였던 프레데리크 졸리오(F. Joliot)와 결혼하여 이렌 졸리오-퀴리로 이름이 바뀌었다. '인공 방사선 원소의 연구'로 남편과 공동으로 노벨화학상(1935)을 수상했다. 자연 발생되는 방사성이 아니라, 알루미늄에 알파 입자를 쏘아 방사성 동위원소 제조를 최초로 성공시킨 것이다. 마리가 사망한 후(1936)에 그 후임으로 파리대학 교수가 되었으며 레지옹 도뇌르 훈장을 받았다. 오랜 세월에 걸친 방사능 연구로 인해 마리 퀴리와 마찬가지로 백혈병으로 사망했다(1956). 방사능 후유증인 백혈병으로 세상을 떠나면서까지 라듐과 폴로늄을 연구했다.

이브 퀴리(Eve, 1904~2007)는 퀴리 부부의 둘째 딸이다. 부모와 언니 부부까지 노벨상을 받았지만, 이브는 과학에 흥미가 없었다. 오히려 작가와 피아노 연주에 관심이 있었고, <퀴리 부인(Madame Curie)>(1937)을 저술했는데 이것이 미국에서 영화 시나리오로 각색되었다(1943). 후에 국제기구 활동 중에 만난 미국 외교관 라부이스 주니어(H. Labouisse Jr.)와 결혼했는데, 그는 유니세프 대표로서 노벨평화상을 수상하였다. 한 집안에 무려 다섯 명의 노벨수상자를 배출한 가문이 되었다.

6-5. 잘못된 사용

노벨상 수상 연설에서 피에르 퀴리가 당부했던 것과는 달리, 인류는 방사선을 아주 위험하게 사용하기도 했다. 영화에서 보이는 것과 같이, 일본 히로시마와 나가사키에 투하된 원자폭탄, 미국 네바다주 사막에서 실시한 핵실험 관광, 또한 소련 체르노빌(1986) 사고 등이 있다. 최근 일본 후쿠시마(2011)에서 발생한 원전 사고도 있고, 우리나라에서 방사성 물질이 나오는 침대로 인해 문제도 있었다. 이 모든 것들은 방사능 물질에 대한 공포이다.

- 1945년 히로시마
- 1986년 체르노빌

(1) 히로시마

미국은 1945년 8월 6일 일본 히로시마에 원자폭탄을 투하했다. 그 후 3일이 지나 8월 9일 나가사키시에 원자폭탄을 한 번 더 투하했다. 이로 인해 일본은 연합군에 무조건 항복을 선언(8월 15일)하고, 항복 문서에 서명(9월 2일)하면서 공식적으로 태평양 전쟁과 제2차 세계대전이 종전되었다. 원자폭탄 투하가 결정된 히로시마는 당시 일본군 제2사령부이면서 통신 센터, 병참 기지로서 군사상으로 중요한 지역이었다. 전쟁 초기 히로시마의 최대인구는 38만 명 정도였다. 원폭이 떨어진 처음 2~4달 동안, 히로시마에서는 9~17만 명, 나가사키에서는 6~8만 명 정도가 사망했는데, 이들 중 절반가량이 원폭 투하 당일에 발생했다. 1950년까지 피폭으로 인한 암과 같은 장기 질환으로 사망한 사람들까지 합하면 약 20만 명 정도에 이를 것으로 추산한다.

(2) 체르노빌

1986년 소비에트 연방 우크라이나 체르노빌 지역의 원자력 발전소에서 폭발이 발생하여 다량의 방사능이 유출된 사고가 있었다, 관측실험 도중 원자로 자체의 설계 결함과 조작자의 실수가 겹치면서 통제할 수 없는 연쇄 반응이 일어났는데, 폭발로 인한 화재는 10일 정도 걸려서 간신히 진압되었다. 이때 발전소에서 유출된 방사성 물질로 우크라이나, 벨라루스, 러시아 등 먼 지역까지 심각한 방사능 오염이 초래되었다. 사고 후 소련 정부의 대응 지연에 따라 피해가 광범위화되어 최악의 원자력 사고로 기록되었다. 1995년, 세계보건기구는 사고로 오염된 지역에 있던 어린이들과 청년들에게서 발생한 700건 가까운 갑상선 암이 체르노빌 사고와 관련 있다고 밝혔다. 발전소로부터 10km 구역에 걸쳐 '붉은 숲'이 넓게 만들어졌는데, 이는 대량 방사성 물질이 떨어져서 고사한 적갈색 나무들이었다. 사고 후 심각하게 오염된 지역의 야생 동물에서도 종양 발생율의 증가, 면역 결핍, 수명 단축, 조기 노화, 혈구 생성의 변화, 기형, 그리고 다른 건강상의 장애가 관찰되었다.

(3) 네바다

- 1962년 네바다
- 원자폭탄 폭발을 보세요.

히로시마의 원자폭탄은 전쟁 중의 일이었고, 체르노빌의 사건은 어쨌든 사고였다면, 미국의 네바다 핵 관광은 방사능에 대한 무지와 욕심에서 비롯된 일이다. 네바다 핵 실험지구는 라스베이거스에서 약 100km 떨어진 곳으로서, 1950년 트루먼 당시 대통령이 1,800㎢ 면적으로 지정했다. 1992년 '포괄핵실험금지조약'으로 핵실험이 금지되기까지 40여 년 동안 1,000회 이상의 핵실험(공식집계)이 단행됐고, 면적도 2배가량 늘어났다. 미국은 핵실험을 하면서, 동시에 핵 관광을 적극적으로 추진했다. 핵 실험과정을 전국에 TV 생중계했고, 핵폭발 쇼에 직접 참관하는 대규모 관광

객을 모집했다. 핵폭발을 보기 위해 많은 사람이 몰려들었고, 비행기에서 핵폭탄을 떨어뜨리기, 대포로 핵폭탄을 발사하기와 같은 다양한 쇼를 했다. 핵폭발을 가까이서 볼 수 있는 자리는 고가에 매진되었다. 라스베이거스의 호텔들은 핵실험을 볼거리로 광고했는데, 핵폭발의 빛과 엄청난 핵 버섯구름이 잘 보이는 호텔은 큰 인기였다. 핵에 관련된 다양한 종류의 핵 사탕, 핵 칵테일(Cocktail) 등 만들어졌고, '미스 원자탄' 미인선발대회도 했다. 국립 핵실험 박물관도 만들어 대대적인 핵 관광을 벌였다.

이처럼 미국이 핵폭발 관광을 벌인 것은, 당시 냉전 중이던 소련과의 핵 개발 경쟁 때문이었다. 네바다 사막의 핵폭발 쇼는 미국의 핵기술을 세계에 과시하기 위한 것이었다. 미국 정부는 핵폭발 쇼를 개최하면서, 핵실험이 인체에 무해하다고 홍보했지만 네바다 사막에서 터진 핵폭탄들은 히로시마 원자폭탄보다 약 2배 정도의 강도였다. 당연히 관광객들은 방사능에 피폭당해 피해를 보게 되었으나, 아주 오랜 시간이 지나서야 그것을 알게 되었다. 방사능 낙진이 바람을 타고 유타주까지 번져 백혈병과 림프종 등 각종 암 환자들이 늘어난 것이 1980년대 이후에나 확인되었다. 핵실험에 대한 위험성이 제기되면서 네바다 사막 핵폭발 쇼는 사라졌지만, 7년 동안 97회에 걸쳐 이뤄졌다. 그 후 핵실험은 지하와 대기권에서만 진행되다가, 1992년 '포괄핵실험금지조약'으로 핵실험이 금지되었다.

생각해 보기

1. 소르본 스캔들

마리 퀴리는 피에르의 제자이자 물리학자이며 유부남이었던 폴 랑주뱅(P. Langevin, 1872~1946)과 사랑에 빠졌고, 그녀는 프랑스 언론의 맹렬한 공격을 받았다. 1911년 11월 신문 〈르 주르날 Le Journal〉에 스캔들 기사가 났고, 얼마 후 또 다른 신문에는 '소르본 스캔들'이라는 기사에 랑주뱅의 이혼을 종용하는 마리의 편지까지 등장했다. 노벨물리학상에 빛나는 여성 과학자의 불륜은 프랑스 과학계는 물론 사회 전체의 놀림거리였는데, 그녀가 유대계 폴란드 이민자이어서 더욱 거셌다. 기자들은 마리의 집 앞에 진을 쳤고, 그녀의 두 딸도 많은 비난을 들었다. 마침 1911년 노벨화학상에 선정되어 12월 시상식을 앞두고 있던 상황에서, 뒤늦게 스캔들을 알게 된 노벨위원회는 마리 퀴리에게 노벨상 수상을 알아서 사양해 달라는 편지까지 보냈다. 보수적인 남성 중심의 학계에서 거의 매장당할 형편이었다. 공격에 시달렸지만 마리는 대담했고, 노벨상은 연구 업적에 주는 상이며 연구와 사생활은 별개의 문제라는 답변을 보냈다. 노벨상 시상식에 마리 퀴리가 참석했지만, 그 후 한동안 심신의 고통으로 힘든 시간을 보내야 했다.

마리의 사생활로 인해 노벨상 위원회는 노벨상 선정을 취소하고, 마리 스스로 수상을 거절해 달라고 요청했다. 그러나 마리는 "나의 연구와 사생활과는 아무 관련이 없다. 나의 연구가 사생활로 인해 영향을 받아야 한다는 것은 받아들일 수 없다"고 말했다. 우리가 사는 현대 사회에서 개인의 사적 생활이 공적인 수상(혹은 업적, 평가 또는 인기 등)에 영향을 미치는 것이 타당한지 생각해 보시오.

2. 반감기

방사성 물질에 지속적으로 노출된 것이 마리의 사망 요인이었으며, 그녀가 사용하던 모든 물건은 라듐의 반감기인 1600년이 지날 때까지 접근할 수 없게 되어있다.

반감기(half-life)는 어떤 물질의 양이 초깃값의 절반으로 줄어드는데 걸리는 시간을 말한다.

불안정한 원자핵은 안정된 원자핵이 되기 위하여 방사선을 내는데, 방사선을 내는 방사성 물질에는 1896년 베크렐이 발견한 우라늄 (^{235}U)과 1898년 퀴리 부부가 발견한 라듐 (^{226}Ra) 등이 있다. 우라늄의 반감기는 7억 년이고 라듐은 1600년이다. 1/100만 초 이하의 짧은 반감기도 있고 150억 년 이상의 긴 반감기도 있다.

반감기는 물리적 반감기와 생물학적 반감기로 세분된다. 물리적 반감기는 자연 상태에서 방사성 붕괴를 통해 방사능이 절반으로 감소하는 기간으로, 통상 말하는 '반감기'가 여기에 해당된다. 한편 생물학적 반감기는 몸 안으로 들어온 방사성 물질이 소화, 배설 등의 작용으로 몸 밖으로 빠져나가면서 그 물질이 절반으로 줄어드는 시간이다. 표에서 볼 수 있듯이, 세슘(Cs-137)의 물리적 반감기가 30년이지만 생물학적 반감기는 109일로 훨씬 짧다. 그러나 요오드(I-131)의 생물학적 반감기는 138일로서 물리적 반감기 8일보다 훨씬 길다. 이처럼 물리적 반감기와 생물학적 반감기는 다르게 나타나기 때문에, 두 가지를 모두 고려하여 인체에 실제로 미치는 영향을 말하는 '유효 반감기'가 있는데, 물리적 반감기와 생물학적 반감기보다 짧은 경우가 많다.

구분	물리적 반감기	생물학적 반감기	유효 반감기
방사성 요오드(I-131)	8일	138일	7일
방사성 세슘(Cs-137)	30년	109일	108일
방사성 스트론튬(Sr-90)	30년	35년	16년
플루토늄(Pu-239)	24300년	200년	198년

반감기가 긴 것은 방사성 물질이 사라지기까지 오랜 시간이 걸리므로 그만큼 위험하다는 것을 의미한다. 따라서 반감기는 방사성 물질의 영향이나 위험성을 판단하는 하나의 척도로 사용된다. 그러나 방사성 원소마다 방출하는 방사선의 종류와 양이 다르므로 방사선의 위험성은 반감기 외에도 방사선의 특성 및 세기 등 여러 요소가 고려된다. 예를 들어서 바람의 속도와 방향, 해수의 이동 속도와 방향, 방사능 물질이 땅이나 강으로 흡수되는 정도 등이 영향을 미친다. 더욱이 인체에 미치는 영향은 방사능 물질이 인체의 세포에 붙어서 세포를 해치는 정도에 따라 다르다. 요오드 131은 반감기가 8일이, 세슘의 반감기는 30년이므로 반감기로만 볼 때 세슘이 더 위험해 보인다. 그러나 세슘은 체 내에서 쉽게 침입하지 않는 반면, 요오드 131은 인체에 쉽게 침투되어 갑상선이나 골수에 손상을 입힌다. 그러므로 인체에 미치는 방사능 물질의 영향은 반감기뿐만 아니라 체 내 침투 정도에 따라 매우 다르다.

2-1. 고고학에 활용

반감기는 핵 물질에 따른 고유한 값이므로 어떤 물질 내에 남아있는 방사성 물질양으로 부터 그 물질의 경과 연수를 추정하는데 이용된다. 지구상에서 가장 흔하게 볼 수 있는 탄소에는 6개의 양성자와 6개의 중성자가 있어서 탄소 ^{12}C 라고 부른다. 그런데 미량이지만 ^{13}C과 ^{14}C가 존재하여 동위원소라고 부른다. 대기 중의 이산화탄소에 함유되어 있는 ^{12}C의 양을 1이라고 하면 ^{13}C의 양은 0.01, ^{14}C의 양은 10^{-12} 에 불과하지만, 이 비율은 항상 일정하다. 한편, 초기 ^{14}C의 개수를 1000개라고 하면, 5730년 후에는 500개로 되고 다시 5730년이 지나면 250개로, 17190년 후에는 125개로 줄어드는데, 바로 ^{14}C의 반감기가 5730년이기 때문이다. 노벨화학상(1960년)을 수상한 리비(W.F. Libby)는 방사성탄소연대측정법을 통해 지질학적, 생물학적 시간을 알아내는 방법을 고안하였다. 만일 100kg의 동물 속에 0.1g의 ^{14}C가 있어야 되는데 0.05g 밖에 없다면 그 동물은 5730년 전에 죽은 것이라고 판정할 수 있다. ^{14}C 방사성탄소연대측정법은 생물학, 고고학, 지질학등에서 광범위하게 쓰인다. 나무, 뼈, 조개껍질, 동식물의 조직은 물론 공룡 화석이나, 지구의 연령 또한 고대 인류의 주거지나 무덤, 생물체등 안에서 ^{14}C 활동량을 감지하면 그들의 시기를 측정할 수 있다. 이 방법은 매우 유용하지만 결정적인 단점이 있다. 측정을 위해 몇 그램의 탄소 시료가 필요한데, 귀중한 문화재에서 수 그램이나 되는 탄소 시료를 떼어 낸다는 것은 간단한 일이 아니다. 또한 ^{14}C의 반감기가 5700년이므로 대체로 500년에서부터 3만 5천년 정도의 년대 측정에 효율적이지만, 5~7만 년 이상 된 경우는 ^{14}C의 양이 너무 적어 측정불가능하다.

측정 범위가 5만 년이 넘는 경우에는 반감기가 긴 다른 방사성 동위원소를 이용해야 하는데, 그래서 개발된 방법이 칼륨과 아르곤을 이용한 칼륨아르곤법이 있다. 칼륨에는 칼륨40이라는 방사성 동위원소가 있는데, 칼륨40의 12%가 방사성 붕괴를 일으켜 아르곤40으로 변한다. 반감기가 약 12억 5000만 년이기 때문에 방사성탄소연대측정법보다 훨씬 더 긴 연대를 측정할 수 있다. 이 밖에도 우라늄 동위원소인 우라늄238과 우라늄235의 방사성 붕괴를 이용한 연대 측정법이 있는데, 우라늄238의 반감기는 약 44억 6800만 년이기 때문에 지구가 탄생했던 시기의 연대까지 측정할 수 있다.

2-2. 다음의 문제를 생각해 보자.

(1) 방사성 동위 원소 루테늄(ruthenium)106(Ru)의 반감기는 약 1년이다. 루테늄106 1g에 대해, x년 후에 남은 질량을 $f(x)$ g이라고 할 때 다음 표를 완성하여라.

x	0	1	2	3	4
$f(x)$	1	$\frac{1}{2}$			

(2) 방사성 탄소 동위원소 ^{14}C의 반감기는 5700년이라고 하자. 어떤 생물체의 화석에 현재 함유되어 있는 ^{14}C 의 양이 8 g일 때, 300년 후에 이 화석에 함유된 ^{14}C의 양은 2^k g이다. 이 때 k의 값을 구하여라. (실제로 매년 줄어드는 양의 비율은 주변 요소들에 의해 어느 정도 차이는 있을 수 있지만, 수학적 단순화로 계산하자.)

(3) 약물 반감기는 인체에 들어간 약물의 양이 절반으로 줄어드는데 걸리는 시간을 말한다. 몸에 투약된 약물은 신체의 신장 대사로 인해 일정 부분 배설되는데, 신장은 대사과정의 최종 산물이나 외부물질들을 배설하여 체액의 양, 삼투압, 산성도 등을 조절하는 역할을 한다. 그러므로 환자에 처방할 때는 약물의 효용도와 더불어 신장의 기능을 고려하게 된다.
어떤 환자의 담당 의사는 앞으로 10일 동안 매 8시간마다 220mg의 알약 2개를 복용하도록 처방하였다. 이 환자의 신장은 체내에서 8시간마다 60%를 걸러내는 기능을 한다고 하자.

(ⅰ) 10일 후 이 사람의 몸에는 잔여 약물이 얼마나 있는지 계산하시오.

(ⅱ) 1년 동안 약을 계속 복용한다면 이 사람 몸에는 약이 얼마나 남아 있는지 계산하시오.

(iii) 이 약을 장기 투약하면 어떻게 될지 알아보시오.

2-2. 풀이

(1) 반감기가 1년이므로 1년 후에 남은 질량은 처음 양의 $\frac{1}{2}$이 되고, 2년 후에 남은 질량은 $(\frac{1}{2})^2=\frac{1}{4}$, 3년 후에 남은 질량은 $(\frac{1}{2})^3=\frac{1}{8}$, 4년 후에 남은 질량은 $(\frac{1}{2})^4=\frac{1}{16}$ 이다.

(2) 처음의 양을 A라고 할 때, 매년 줄어드는 양의 비율은 R로 일정하다고 하자. 1년 후 양은 AR, 2년 후 양은 $AR \cdot R=AR^2$, 3년 후 양은 $AR^2 \cdot R=AR^3$ ⋯ 따라서 n년 후의 양은 AR^n이다. 그러므로 5700년 후의 양은 AR^{5700} 인데, 반감기가 5700년이므로

$$AR^{5700}=\frac{1}{2}A$$

이 된다. 따라서 $R^{5700}=\frac{1}{2}$ 즉 $R=2^{-\frac{1}{5700}}$ 이다. 현재의 양이 8 g이므로, 300년 후의 양은 $AR^{300}= 8\cdot(2^{-\frac{1}{5700}})^{300}=2^3\cdot 2^{-\frac{1}{5700}\cdot 300}=2^3\cdot 2^{-\frac{1}{19}}=2^{3-\frac{1}{19}}=2^{\frac{56}{19}}$ 이다. 따라서 $k=\frac{56}{19}$ 이다.

(3) n번 투약 후에 남아있는 잔량을 a_n이라 하자. 처음 3번째 투약까지의 상황을 알아보자.

0시 1회 투약 mg		8시 2회 투약		16시 3회 투약	
투약 440	체내 약물 440	잔여량 440(0.4) 투약 440	체내 약물 616	잔여량 616(0.4) 투약 440	체내 약물 686.4

즉, 3회 투약 후 체내에 남아 있는 약물은 $440+440(0.4)+440(0.4)^2=686.4$ mg이다. 10일 동안 (총 240시간동안) 매 8시간마다 복용하므로 모두 $1+\frac{240}{8}=31$번 약을 먹게 된다. 일반화시키면

$a_1 = 440$,

$a_2 = 440 + a_1(0.4) = 440 + 440(0.4) = 616.0$,

$a_3 = 440 + a_2(0.4) = 440 + (440 + 440(0.4))(0.4) = 440 + 440(0.4) + 440(0.4)^2 = 686.4$

$\cdots$

$a_{n+1} = 440 + a_n(0.4) \qquad (1 \le n \le 31)$

이다. 그러므로 4, 5, 6, 7회 투약 후, 약물의 양은 $a_4 = 714.560, a_5 = 725.820$, $a_6 = 730.329$, $a_7 = 732.131$ 이다. 따라서 n번째 약을 먹으면 체내에 남아있는 약의 양은

$a_n = 440 + 440(0.4) + 440(0.4)^2 + \cdots + 440(0.4)^{n-1}$

이제 수열의 성질 (첫항 440, 공비 0.04)을 사용하여 계산하면 된다.

$$a_n = 440 + 440(0.4) + 440(0.4)^2 + \cdots + 440(0.4)^{n-1}$$

$$= 440\left(\frac{1-0.4^n}{1-0.4}\right) = 733.33(1-0.4^n)$$

(i) 10일 후에 총 30번 투약을 하게 되므로 몸속에 있는 약의 양은 $a_{31} = 733.33(1-0.4^{31}) \approx 733.333\ \mathrm{mg}$ 이다.

(ii) 1년 (365일)동안 계속하여 복용하면 $n = 365 \cdot 3 + 1 = 1096$ 회가 된다. 따라서 몸속에 남아있는 잔여량은 $a_{1096} = 733.33(1-0.4^{1096}) = 733.33$ 이다.

(iii) 이 약을 장기 투약한다고 하면 어떤 일이 벌어질 것인가를 예측해보자. n의 값을 무한히 큰 값으로 하면, 다음과 같은 극한값을 계산할 수 있다.

$$\lim_{n\to\infty} a_n = \lim_{n\to\infty}(733.33(1-0.4^n)) = 733.33$$

따라서 약을 오래 복용하여도 몸속에 잔여량은 대략 733.33mg 으로 일정하다.

2-3. 비트코인 반감기

가상화폐인 비트코인에도 반감기가 있다. 반감기는 무엇이며, 가격에 어떤 영향을 끼칠까? 또 채굴자에게는 어떤 의미이며, 암호화폐 업계에 장기적으로 어떤 영향을 미치게 될까? 비트코인 반감기를 조사하시오.

2-4. 반감기 상황

원래 반감기라는 용어는 방사성 물질의 붕괴와 연관된 용어이었으나, 현재는 여러 다른 분야에서도 쓰이고 있다. "처음 본 순간 그 사람의 매력에 푹 빠져버렸다. 그 후 매주 토요일에 만나 데이트를 했다. 처음 만났을 때 두 사람의 마음의 거리가 1000 정도였다고 하자. 매주 만남을 거듭하면서 500, 250, 125, 62, 31처럼 마음의 거리는 반으로 줄어들고 있음을 느꼈다면, 마음의 거리의 반감기는 7일이다"라고 말할 수 있다. 이와 같이 반감기의 개념을 사용하는 상황을 써 보시오.

2-5. 반감기 vs 반증기

반감기를 표현하는 대표적인 함수는 지수 함수이다. 반감기라는 단어 안에는 일정한 비율로 감소한다는 의미가 포함되어 있는데, 일정한 비율로 증가하거나 감소하는 함수가 지수함수이기 때문이다. 일정한 비율로 증가하거나 감소하는 것을 말하는 또 하나로 등비수열이 있다. 그러므로 반감기함수, 지수함수, 등비수열을 서로 수학적인 동질성을 갖는다.

$\frac{1}{2}$로 감소하는 반감기 외에서 $\frac{1}{3}$로 감소하는 1/3감기도 생각할 수 있다. 반대로 2배로 증가하는 2증기, 또는 3배로 증가하는 3증기 역시 생각해 볼 수 있다. 이런 모든 것들 역시 지수함수의 형태를 띄고 있다.

(1) 어떤 세균은 일정한 온도에서 배양하면 1시간마다 4배씩 증가한다. 이 세균 7마리를 배양하면 5시간 후 세균의 수를 계산하시오.

(2) 어떤 세균은 일정한 온도에서 1회 배양하면 10%는 죽고, 나머지는 10배씩 증가한다고 한다. 이 세균 7마리를 10회 배양하면 세균의 수를 계산하시오.

3. 노벨상 수상자

한 번 받기도 힘들다는 노벨상을 두 번이나 받은 사람은 역사상 4명이 있다. 프랑스의 마리 퀴리가 물리학상과 화학상을 받았으며, 물리학자 존 바딘(J. Bardeen, 미국, 1908~1991)은 물리학상을 두 차례에 걸쳐 받았고, 생화학자 프레더릭 생어(F. Sanger, 영국, 1918~2013)도 화학상을 두 번 받았다. 그리고 라이너스 폴링(L. Pauling, 미국, 1901~1994)은 화학상(1954)을 받은 것에 이어 평화상(1962)을 받았다. 그는 과학과 다른 분야에서 두 번 수상한, 그리고 모두 단독 수상한 유일한 사람이다. 수상자 존 바딘, 프레더릭 생어, 라이너스 폴링에 대해 조사하시오.

히든 피겨스
(Hidden Figures)

인종차별과 성차별을 극복한 세 여성

1 영화 소개(2016)

영화의 원작은 세털리(M.L. Shetterly)의 소설 <Hidden Figures>이다. 우주 전쟁을 승리로 이끄는 데 큰 공을 세운 아프리카계 여성 수학자들의 숨겨진 이야기(The American dream and the untold story of the black women mathematicians who helped win the space race)가 소설의 부제이다. 세털리는 아프리카계 미국인으로 그의 아버지가 NASA에서 일했었고, 이 소설은 논픽션으로 분류된다. 뉴욕타임즈 논픽션 베스트셀러 1위에 올랐으며 여러 상을 받았다.

히든 피겨스

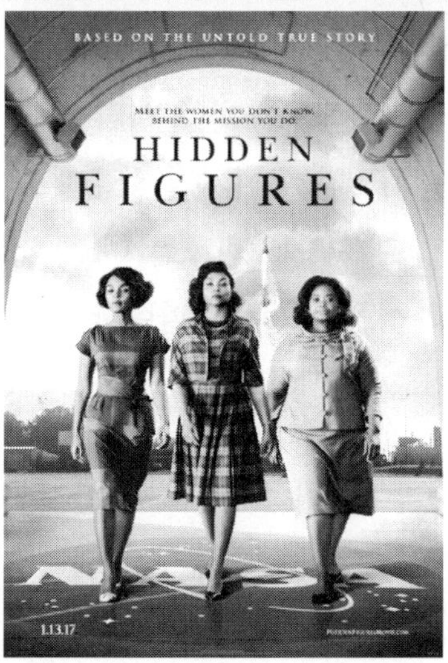

출연

- **헨슨(Taraji Henson): 캐서린 고블 존슨 역**
  2015년에 드라마 시리즈 최우수 여배우로 Critics' Choice 텔레비전 상을 받았다.
- **스펜서(Octavia Spencer): 도로시 본 역**
  두 번 연속 아카데미 상 후보에 오른 최초의 흑인 여배우로서 다수의 상을 받았다. 영화 〈어메이징 메리〉에도 출연했다.
- **모네(Janelle Monáe): 메리 잭슨 역**
  훌륭한 보컬과 춤 실력으로 연기와 음악 분야에 성공적으로 활동 중이다.

2 제목 소개

영문 그대로 '히든 피겨스'라는 제목으로 개봉했다. Hidden Figures는 어떻게 생각하면 좋을까. hidden은 '숨겨진', '감춰진'이고, figures는 숫자, 그림, 인물 등 여러 경우로 해석된다. 번역된 우리말 자막에는 '숨겨진 영웅들', '숨겨진 숫자들'로 나온다. 그러나 영화로 조금만 더 들어가 보면, '가려진 사람들', '드러나지 못한 천재들'로도 해석이 가능해 보인다.

3 영화 줄거리

제2차 세계대전 이후 냉전 시대에 미국과 소련은 우주 경쟁을 벌이고 있었다. 소련은 1957년에 스푸트니크 1호를 성공적으로 발사했고, 곧이어 여러 차례 스푸트니크를 성공시키며 점차 개나 쥐와 같은 생명체도 탑승시킨다. 미국은 1957년에 뱅가드 위성을 쏘아 올렸지만 불과 1m 정도 올라간 뒤 폭발하는 대참사로 끝났다. 심각한 위협을 느낀 미국은 1958년 미국 항공우주국(NASA)을 설립해 우주 연구를 숨 가쁘게 진행하는 중에 숨겨진 공신들이 큰 역할을 했다. NASA의 천재 수학자 '캐서린 존슨'이 있고, 여성 엔지니어 '메리 잭슨', 그리고 IBM 프로그래밍 책임자 '도로시 반'이 있다. 모두 흑인 여성으로서, 영화에서는 흑백차별과 남녀차별의 문제도 함께 이야기된다. 결정적으로 캐서린의 정확한 계산을 토대로 1962년 2월 미국 최초 유인 위성 '프렌드십 7호'가 지구를 세 바퀴를 돌고 성공적으로 귀환한다.

4 영화 장면

4-1. 영화 시작 - 따님과 같은 학생은 처음입니다.

웨스트 버지니아 공립교는 주에서 최고의 흑인학교입니다.

따님과 같은 학생은 처음입니다.
전액 장학금을 준답니다.

여성의 교육이 제한되던 시절에, 그것도 아프리카계 캐서린 존슨의 어린 시절 모습이 나온다. 흑인 소녀 캐서린의 놀라운 재능을 알아본 학교 선생님의 권유로 흑인 고등학교에 진학한다. 그 후 세 명의 여성들 - 캐서린, 도로시, 메리 - 이 차례로 나오는데, 그들은 NASA의 단순한 계산 검증원이었지만, 천재적인 능력을 발휘했다. 한 명은 우주선 관련 계산에서 결정적인 역할을, 한 명은 최초의 여성 관리자가 되었고, 한 명은 최초의 여성 엔지니어가 되었다.

4-2. 스푸트니크

제기랄. 러시아 놈들이 우릴 보겠군요.

스푸트니크

'위성', '여행의 동반자'라는 뜻의 스푸트니크(Sputnik)는 소련의 우주개발 계획을 말한다. 세계 최초의 인공위성 스푸트니크 1호는 1957년 10월에 발사되었다. 지구 궤도를 96분마다 한 바퀴씩 23일 동안 돌면서 지구에 신호를 보내다가, 발사 거의 2달

만에 대기권에 재돌입하여 사라졌다. 1호를 발사한 지 불과 1달 후인 1957년 11월에 스프트니크 2호가 발사되었는데, 라이카(Lika)라는 이름의 개 한 마리를 탑승시켜 우주에서 생명체의 반응을 볼 수 있도록 했다. 그러나 지구 귀환이 불가능하였기 때문에, 라이카는 우주에서 사망했다. 스푸트니크 3호(1958), 4호(1960), 5호(1960)가 연이어 발사되었다. 특별히 스푸트니크 5호에는 개 2마리와 쥐 40마리 그리고 여러 식물을 실었는데, 동물 모두 무사히 귀환했다. 그 후에도 스푸트니크는 24호에 이르도록 발사되었고, 성공과 실패를 거듭했다. 영화 <히든 피겨스>의 배경인 1961년 4월에 최초의 우주인 유리 가가린(Y. Gagarin, 1934~1968)이 탑승하였다.

미국인들은 머리 위로 반복해서 지나가는 소련의 우주 물체로 인해 큰 위협과 충격을 받았으며, 이것을 '스푸트니크 쇼크'라고 불렀다. 미국은 1958년 미국 항공우주국(NASA)을 설립하여 우주 경쟁을 시작했다. 놀라울 정도로 짧은 기간 내에 스푸트니크를 계속 발사하는 소련에 비해 NASA의 기술은 겨우 출발점이었다. 1958년 1월의 익스플로러 1호가 미국의 첫 인공위성이었으며, 1961년 5월에 유인 우주선 머큐리 1호를 쏘아 올렸다. 유인 비행이 시작될 무렵, 케네디(J.F. Kenedy) 대통령이 머큐리 계획부터 아폴로 계획까지 쏟아냈다. 1975년 아폴로 18호를 올리기까지 미국과 소련은 천문학적 예산으로 경쟁했다. 이러한 우주 경쟁은 영화 <인터스텔라>에서도 볼 수 있다.

유리 가가린은 06:07에 3KA 캡슐로 궤도 비행시작

가가린은 108분만에 지구를 한 바퀴 돌았습니다.

소련의 위협과 위기 속에서 미국은 군사, 과학기술 부문 개혁의 필요성으로 수많은 개혁을 단행했다. 특히 교육 현장의 엄청난 변화가 요구되었다. 그 당시 미국은 경험 중심의 교육과정을 추구했다. 이것은 학생들의 경험과 자율성을 중시함으로써 학생들의 학습 동기를 높이고, 학습에 적극적으로 참여하게 하는 장점이 있다. 그러나 소련과의 경쟁이 시급했던 미국에서 경험 중심에서 학문 중심 교육과정으로 바꾸게 되었다.

4-3. 수학자가 필요해

수학자가 필요해

이런! 해석 기하학을 할 수 있는 사람이 이 건물에 한 명도 없어?

1957년 IBM이 개발한 과학적 프로그래밍 언어인 포트란(FORTRAN)은 기술 업무에 가장 널리 사용되는 컴퓨터 언어가 되었다. 또한 1964년에는 IBM의 대표급인 'IBM 시스템 360시리즈'가 개발되었다. 이로써 1969년 NASA가 최초로 아폴로 11호를 달에 착륙시키는데 큰 역할을 했다. 그러나 '수학자가 필요해'라는 말과 함께, 우주선 발사 연구에서 해석기하학에 정통한 사람을 급히 찾는 모습이 보인다.

4-4. 해석기하학을 잘 다루는 사람. 최대한 빨리 필요해

해석 기하학을 잘 다루는 사람으로

캐서린이 적합할 거예요.

'해석기하학'은 기하학적 도형을 좌표 평면에 그래프로 나타낸 후 다시 함수 방정식으로 표현하여 대수적 기법으로 문제를 해결함으로써 도형의 위치나 형태를 연구하는 분야이다. 캐서린은 NASA의 계산원이었다. 당시에는 컴퓨터개발의 초기 단계였기 때문에, 복잡한 수식을 계산하고 검증하기 위해서는 수많은 계산원이 필요했고, 캐서린은 그중 한 명이었다. 숫자계산과 해석기하학에 능통했던 캐서린이 적임자로 추천되었다.

4-5. 세 명의 여성들

(1) 캐서린 존슨

여기에 흑인 출입은 없었어, 캐서린

우주 임무 그룹

백인 남성들로만 구성된 우주 임무 그룹에 처음으로 흑인 여성이 문에 들어선다. 유년기부터 수학에 천재성을 보여 흑인 여성 최초로 웨스트버지니아 대학원에 입학했다는 것은, 당시에 미국 사회의 흑백차별과 남녀차별을 고려할 때 놀라운 일이다. 그러나 청소하러 연구실에 들어 왔을 거라는 시선은 물론, 커피 마시는 것 등 여러 종류의 차별을 받게 된다. 시간이 지나면서 캐서린은 뛰어난 수학 능력으로 서서히 두각을 나타내며, NASA의 프로젝트를 성공시키는 수학식을 찾아내는 핵심 역할을 해낸다.

(2) 메리 잭슨

수학과 물리학 학위가 있어요

나사에서 엔지니어가 될 계획입니다.

메리는 뛰어난 수학자였으며, NASA에서 일하면서 두각을 나타낸다. 법정 다툼을 마다하지 않고 노력하여, 흑인 여성 최초로 백인 학교인 햄튼 고등학교에 입학하여 공학 공부를 병행했고, 결국 NASA 최초의 흑인 여성 엔지니어가 된다.

(3) 도로시 본

포트란은 새롭고 흥미로운 언어이다.

능력껏 배우고 몸값을 올려야지

NASA에서 흑인 여성 최초로 그룹의 책임자가 된다. NASA에 온 후 오랜 시간 동안 열심히 일했지만, 흑인 여성이라는 이유로 정당한 대우를 받지 못했다. 그러나 IBM이 NASA에 들어온 것을 알고 재빨리 IBM의 언어인 포트란(FORTRAN)을 배워가기 시작한다. 그와 동시에 자신의 흑인 여성 동료들에게도 가르쳐서 그들이 모두 직장을 계속할 수 있게 돕는다. NASA는 도로시를 정규직원으로 발령냈지만,

- 재배치를 거절할게요. 제 직원들을 모두 데려갈 수 없으면요.

계산원 부서를 훌륭하게 통솔했고 '흑인'의 인권을 위해 또한 '여성'의 지위 향상

을 위해 노력했다.

4-6. 흑백차별, 남녀차별 - 여성 참석은 규정에 어긋나

당시 NASA에서는 물론 미국 전 영역에서 흑백차별은 당연한 것이었다. 흑인계산실에 소속되어 있다가 연구소로 옮긴 캐서린은 화장실을 사용하는 것, 커피 마시는 것 등 모든 일에서 차별을 받는다. 바쁜 시간 중에 화장실을 찾아 뛰어다니는 모습이 그려진다. 백인 여성들이 사용하는 화장실은 출입이 허용되지 않았던 것이다.

여성 화장실이 어디죠?

미안한데, 너희 화장실이 어딘지 몰라

또한 남녀차별도 마찬가지였다. 남성들로만 구성되었던 연구소에서 여자에 대한 차별은 일상적이었다. 여자는 엔지니어가 될 수 없었고, 중요한 회의에 참석할 수도 없었다. 이 모든 장벽을 뛰어넘어 영화에 나오는 대사 한 마디.

- 'NASA에서는 모두 같은 색의 소변을 본다(Here at NASA we all pee the same color.).'

4-7. 영화 엔딩 - 각 분야에서 최초의 아프리카계 미국 여성이 되었다.

메리 잭슨은 나사뿐만 아니라 미국 최초의 아프리카계 미국인 항공 엔지니어가 됐다.

도로시 반은 나사 최초로 아프리카계 미국인 관리자가 됐다.

캐서린 존슨은 달 관련 아폴로 11 임무와 우주 왕복선의 전산원 임무를 계속 수행했다.	2016년 나사는 우주 여행 분야에서 그녀의 획기적인 업적을 기려서 '캐서린 존슨 전산동'을 헌정했다.

메리는 법원의 허락까지 받아내면서 엔지니어가 되기 위한 학업을 지속했고 최초의 아프리카계 여성 엔지니어가 됐다. 도로시 반은 최초의 아프리카계 미국인 관리자가 되었으며 컴퓨터의 포트란 전문가로 활동하면서 NASA 수재 중 한 명으로 인정받았다. 캐서린은 NASA에서 연구를 계속해서 아폴로 11호 임무 등을 맡았다. 그 공로로 97세에 미국 대통령 훈장을 받았다.

5 영화에서 만나는 수학·과학

5-1. 오일러의 방법

아! 오일러의 방법

- 그건 구식이잖아.
- 그래도 통하죠!

우주선 발사 준비가 거의 마무리 되어가는 도중에 큰 문제가 생겼다. 우주선 발사까지는 해도, 우주선을 지구로 귀환하는 방법이 해결되지 못한 것이다. 우주선이 우주를 돌 때는 타원 궤도를 유지하다가, 지구로 돌아오려면 포물선 궤도로 이동을 해야만 한다. 궤도를 바꾸는데 적합한 수학식을 찾을 수 없었는데, 이 문제를 해결하지 못하면 우주선은 계속해서 타원 궤도에 머물 것이고, 탑승자 글랜 대위는 결국 우주 미아가 될 것이다. 이 난감한 상황에서 캐서린은 갑자기 '오일러의 방법'을 외

친다. '그건 구식이잖아'라는 핀잔을 뒤로하고, 연구실에 있는 한 권의 책을 뒤진다. 펼친 책갈피에

$$\text{The Modified Euler Method:} \quad y_1 = y_0 + \frac{h}{2}[(\frac{dy}{dx})_1 + (\frac{dy}{dx})_0]$$

가 쓰여 있다. 그리고 멋지게 문제를 해결해내는 캐서린. 그것을 지켜보던 사람들이

- 저거야.

를 외치며 우주 계획의 큰 걸음을 내디딘다. 오일러(L. Euler, 1707~1783)가 1768년에 발표한 오일러의 방법은 어떤 미분방정식의 근사해를 찾는 이론인데, 곡선에 근사하도록 선분을 만들어 해를 찾는 방법이다. 물리학, 화학 및 경제학 등에서 정확한 값을 찾기 어려울 때 근삿값으로 해를 찾는데 사용된다. 예를 들어 점성 유체를 통과하는 물체의 경로, 시간에 따른 반응 속도, 혼잡한 도로의 교통 흐름 등을 근사화하는 데 방법이다. 오일러의 방법은 복잡해 보일 수 있지만 내재 된 아이디어는 비교적 간단하다. 영화 <21 Twenty one>에도 나온다.

5-2. 해석기하학(Analytic Geometry)

이런! 해석 기하학을 할 수 있는 사람이 이 건물에 한 명도 없어?

해석 기하학을 잘 다룬다고?

기하학을 말하는 영어는 geometry이다. 이는 토지를 의미하는 geo와 측량을 의미하는 metry를 합성한 단어인데, 고대 이집트인들이 토지를 측정하거나 분배하기 위해 한 도형 연구를 기하학의 첫 단계로 볼 수 있다. 이후 추상적, 연역적 사고가 발

달했던 그리스·로마지역으로 전해지면서 탈레스와 피타고라스 등의 연구로 학문의 모습이 발전하였다. 삼각형들의 합동이나 닮음 등은 탈레스의 연구이며 특별히 직각삼각형에 관한 피타고라스의 연구는 유명하다.

(ⅰ) 탈레스(Thales, 기원전 625~547년경)의 기하학 5 정리

- 임의의 원은 지름에 의해서 이등분된다.
- 두 직선이 만나면 마주 보는 두 각은 같은 각을 이룬다.
- 반원에 대한 원주각은 항상 직각이다.
- 삼각형의 한 변과 양 끝의 각이 다른 삼각형의 그것과 같으면 이들은 합동이다(ASA합동).
- 이등변삼각형의 두 밑각은 서로 같다.

(ⅱ) 피타고라스(Pythagoras, 기원전 570~495년경) 정리

- 정리: 삼각형 세 변의 길이가 $0 < a, b < c$일 때, 직각삼각형일 동치조건은 $a^2 + b^2 = c^2$이다.

그 당시의 기하학에 관한 지식들은 유클리드의 저서 <원론(Elements)>에서 그 체계가 구축되었다.

(ⅰ) 유클리드(Euclid, 기원전 350년경)의 기하학 공준

- 어떤 한 점에서 어떤 다른 한 점으로 선분을 그릴 수 있다.
- 임의의 선분을 선을 따라 다른 선분으로 연장할 수 있다.
- 어떤 한 점을 중심으로 하고 이에 대한 거리(반지름)로 하나의 원을 그릴 수 있다.
- 모든 직각은 서로 같다.
- 평행선 공준(영화 〈플랫랜드〉, 영화 〈아고라〉도 함께 읽자.)

이처럼 선과 면, 도형의 모양이나 위치, 크기 등을 다루는 기하학이 1600년대에 들어와서 새로운 전기를 맞아 해석기하학이 나오게 된다.

(i) 데카르트(R. Descartes, 1596~1650)

좌표 개념을 도입해 오늘날 xy-평면이라고 불리는 좌표계를 만들었다. 가로 x축과 세로 y축으로 만들어지는 격자 형태의 xy-평면을 '데카르트 평면' 또는 '카테시안 평면'이라고도 부른다. 이제 xy-평면 위에 여러 종류의 도형을 그래프의 모양으로 그리면서 (x,y)좌표의 형태로 표현할 수 있게 되었는데, 바로 여기가 해석기하학이 되는 부분이다. 그동안 자와 컴퍼스 등으로 도형을 작도하는 것이 기하학의 큰 주제였다면, 이제부터는 xy-평면 위에서 좌표로 표현되는 대수방정식 $f(x,y)=0$으로 설명되는 도형을 연구하는 것이 해석기하학의 주제이다. 데카르트의 대표적인 철학 저서인 <방법서설>은 영화 <어메이징 메리>에서도 소개된다.

(ii) 페르마(P. Fermat, 1607~1665)

데카르트와 거의 동시대를 살았던 페르마도 기하의 좌표 표현에 대한 독자적인 연구를 했지만 발표하지 않았다. 이와 같은 연구를 통해 유클리드 기하학에서 도형의 정의들이 해석기하학에서는 좌표 평면 위의 그래프 형태로 변형되었다.

	직선	원	포물선
유클리드 기하학	두 점을 연결한 선분	한점으로부터 같은 거리를 갖는 점들의 모임	
해석 기하학	$y=ax+b,\quad ax+by=c$	$(x-a)^2+(y-b)^2=r^2$	$y^2=4px,\quad x^2=4py$ $(y-b)^2=4p(x-a)$
그래프	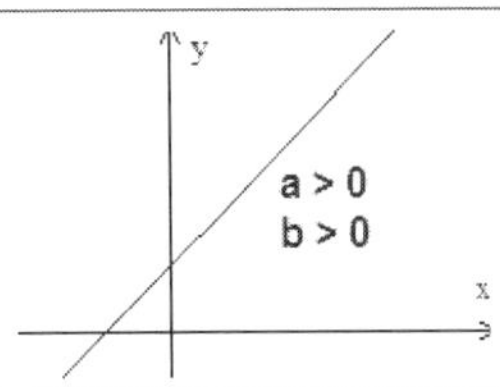	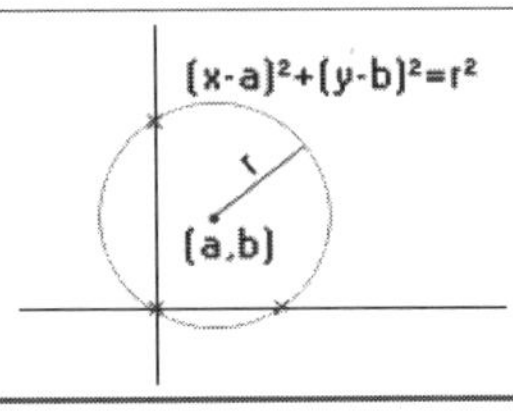	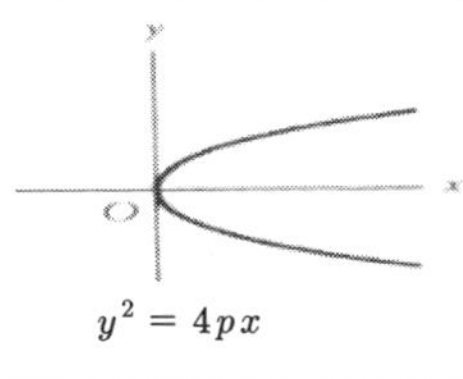

	타원	쌍곡선	원뿔
유클리드 기하학	아폴로니우스 원뿔 곡선 (영화 〈아고라〉 참조)		
해석 기하학	$\frac{(x-n)^2}{a^2}+\frac{(y-m)^2}{b^2}=1$	$\frac{(x-n)^2}{a^2}-\frac{(y-m)^2}{b^2}=1$	$ax^2+bxy+cy^2+dx+ey+f=0$ (a, b, c중 적어도 하나는 0이 아님)
그래프	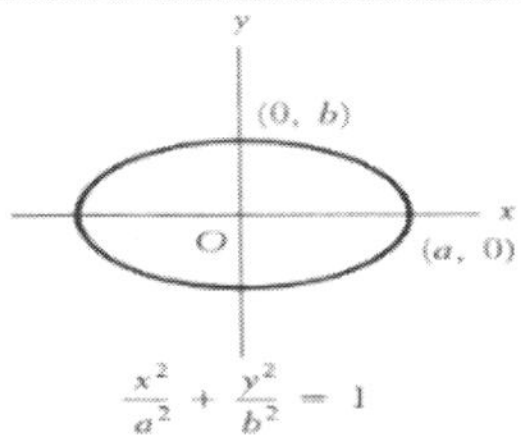	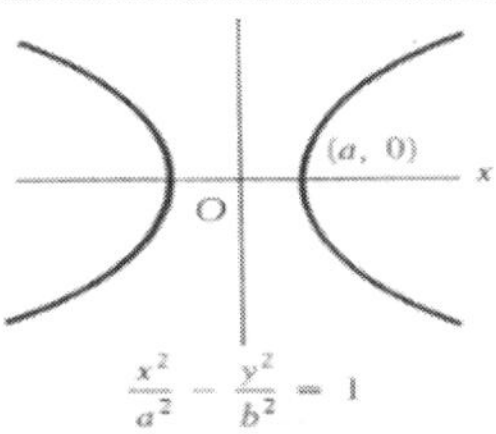	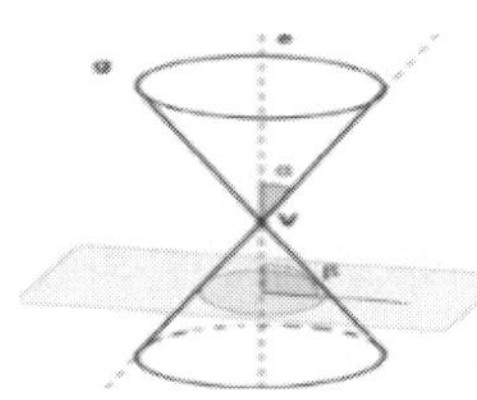

평면 위의 곡선은 적당한 방정식 $f(x,y)=0$에 대응되고, 역으로 각 방정식에 평면 위의 곡선 또는 점들의 집합이 대응된다. 이러한 해석기하학의 등장은 기호의 도입과 대수적 처리 과정 등 대수학의 발전과 더불어 미적분학이 등장하는 데에 핵심적인 역할을 했다. 이로써 순수하게 기하적 방법만으로 설명하기 어려운 곡선들과 곡면을 비교적 쉽게 다룰 수 있게 되었다. 더 나아가 xyz-축으로 이루어진 3차원 좌표 평면에서 입체도형도 다루는 해석기하학이 되었다. 여기에 뉴턴(I. Newton, 1643~1727)과 라이프니츠(G. Leibniz, 1646~1716년)의 독립적인 연구로부터 미분적분학이 만들어지면서 해석기하는 그 영역이 폭발적으로 넓어졌다.

6 영화 밖 이야기 - 실존 인물들

6-1. 도로시 반(D. Vaughan, 1910~2008) 수학자, 프로그래머

미항공우주국 NASA의 전 기관인 NACA(National Advisory Committee for Aeronautics)에서 일한 흑인 여성 수학자이다. 대학 졸업 후 고등학교 수학 교사를 하다가 1943년

NACA로 옮겼다. 1949년에 흑인 여성들로만 구성된 컴퓨터 그룹의 책임자가 되었는데, 수학자 캐서린 존슨도 당초에 도로시 그룹에서 일했다. NACA가 NASA가 된 후에 도로시는 전자 컴퓨팅 및 포트란(FORTRAN) 프로그래밍 분야를 담당했다. 포트란은 수학적, 과학적 연산을 위해 1950년대 IBM사가 개발한 컴퓨터 언어인데, 그 후 한동안 컴퓨터 언어의 대명사가 되었다. 영화에서 도로시는 IBM 컴퓨터와 포트란을 배우고 애쓰는 모습이 나오며, 더욱이 자기 혼자만이 아니라 그녀의 팀원들에게 가르쳤다. 그 덕분에 흑인 여성 모두가 프로그래머로서 계속 일할 수 있었다. 1971년 NASA에서 은퇴했다.

6-2. 메리 잭슨(M. Jackson, 1921~2005) 최초의 흑인 여성 엔지니어

1942년 대학에서 수학 및 물리과학 학사 학위를 받았다. 메리는 NASA 연구소에서 수학 연구와 컴퓨터로 경력을 시작한 후. NASA에서 풍동 실험 및 실제 항공기 비행 실험 데이터를 분석했다. 함께 일하던 한 엔지니어가 그녀의 재능을 알아보고 엔지니어 교육을 받기를 권유한다. 백인 남성에게만 주어지던 자격을 얻기 위해 법원 결정까지 받아내면서 그녀는 결국 미국에서 최초의 흑인 여성 엔지니어가 된다. 항공우주 엔지니어로 34년을 보낸 후 1985년에 은퇴했다.

6-3. 캐서린 존슨(K. Johnson, 1918~2020년)

NASA 재직 중 유인 우주비행선의 궤도 계산에 결정적인 역할로 우주산업에 큰 공헌을 한 수학자이다. 약 33년간 근무하면서 복잡한 수학 계산 작업으로 그 공로를 인정받았으며 당시 IBM 컴퓨터 운영체계 작업 수행을 도왔다. 역할로는, 우주 공간에서 미국인 최초의 우주 비행사인 셰퍼드(A. Shepard)와 미국 최초로 우주 궤도를 돈 우주인 존 글렌(J. Glenn)의 우주선 궤도 계산 연구가 있으며, 아폴로 달 착륙선과 왕복선의 랑데부 경로를 포함한 머큐리 프로젝트의 우주비행선에 대한 궤적 계산, 발사 및 귀환 경로가 포함되었다. 그 후 화성 탐사 프로젝트에 참여하기도 했다. 2015

년에 오바마 전 대통령은 그녀에게 대통령 자유 훈장을 수여했으며, NASA는 2017년에 캐서린 존슨 계산연구소를 개소했다.

- 18세에 대학 졸업 – 웨스트버지니아 주립대학 수학과 우등 졸업했다. 1939년에 결혼 한 그녀는 우등 흑인 3명 중 한 명으로 선정되어 대학원에 등록했다. 그러나 한 학기 후에 임신 사실을 알게 되면서 학교를 그만두었다.
- NASA에서 낙방 – 1950년대 중반, NASA(당시 NACA)는 우주 연구 중에 많은 수를 처리해야 하는 작업이었는데, 당시는 컴퓨터가 없었기 때문에 여성 '계산원 팀'을 만들어 복잡한 수학을 수행했다. 캐서린은 처음 지원에서는 낙방했고, 다음 해에 다시 지원하여 입사했다.
- 우주 비행 궤도 계산 – 1962년 우주 비행사 글렌(J. Glenn)은 지구 궤도 여행을 계획했는데, 미국과 소련의 우주 경쟁에서 중요한 순간이었다. 그녀는 글렌을 다시 지구로 회항시키는 중요한 역할을 했다. 1960년대 초반의 컴퓨터가 궤도 방정식을 계산했는데 오류가 있었다. 글렌은 캐서린이 직접 확인하면 출발하겠다면서 그녀가 손으로 다시 계산해 달라고 요청했고, 그 계산 결과를 바탕으로 출발했다.
- 최초의 우주인을 달나라로 – 글렌이 역사적인 궤도에 올랐을 때, NASA는 케네디 대통령으로부터 유인 우주선을 달로 보내라는 명령을 받는다. NASA는 더 정교한 계산이 더 많이 필요했는데 캐서린은 여전히 중요한 역할을 했다. NASA의 엔지니어 팀과 협력하여 우주 비행사가 달을 향한 궤도를 계산하고 그 시간과 장소를 정확히 찾아냈다. 아폴로 달 착륙 프로그램은 성공적이었으며 우주 개발의 새 장을 열었다.
- 대통령 자유훈장 수상 – 2015년 오바마 대통령으로부터 STEM(과학, 기술, 공학, 수학) 분야의 선구적인 업적을 인정받아 자유훈장을 받았다. 민간인이 받을 수 있는 최고 영예의 상이다.
- 박사 학위 수여 – 웨스트버지니아 대학원 중퇴 75년 만에 명예 박사 학위를 받았다.

- 사망 – 2020년에 101세를 일기로 별세했다. NASA는 'NASA의 초창기 발전에 공헌한 리더를 잃었다.'라고 애도했다. 'NASA의 수학자이자 모든 인종이 평등을 누리도록 이끈 개척자였고, 미국 최초의 유인 우주 비행을 성공시킨 공로자이며 수학과 과학교육의 투사였다.'며 'NASA에서 가장 영향력 있는 인물 중 한 명이었다.'라고 말했다.

생각해 보기

1. 차별

영화에 나오는 흑백의 인종차별과 여성차별의 장면에 대해 자신의 생각을 쓰세요.

우주 연구실에 처음으로 들어간 캐서린에게 한 직원이 쓰레기통을 안겨주며 말한다.
- 어젯밤에 비우지 않았던데.

여자 화장실이 어디냐는 물음에 한 백인 여성이 대답한다.
- 미안한데, 너희 화장실이 어딘지 몰라

캐서린이 주요한 회의에 참석하라고 하자 한 남성 직원이 말한다.
- 여자인데 허락합니까?

엔지니어가 되고자 하는 메리에게 NASA의 한 관리자가 말한다.
- 엔지니어 프로그램에 나사는 여성 훈련자를 받은 적 없어.

2. 여성 수학자

책에 나오는 유명한 수학자나 과학자는 대부분 백인 남성이었다. 여성이나 유색인종 수학자, 과학자가 그다지 많이 나오지 않는 이유에 대해 생각해 보시오. (영화 〈아고라〉도 함께 보자.)

3. 수포자

미국의 교육 현장은 학생의 창의성과 흥미를 강조하고 학생 스스로 이해하는 것을 목표로 하는 존 듀이의 진보주의를 채택하고 있었다. 소련이 스푸트니크를 우주로 발사한 후 미국인들은 자신의 머리 위를 지나가는 소련의 우주선을 크게 두려워했는데, 이것이 '스푸트니크 충격'이다. 위기를 느낀 미국의 교육계는 1959년에 '우주홀 회의'를 통해 학습자의 흥미와 관심보다는 수학과 과학과 같은 기초 수학의 습득을 중시하는 본질주의 교육환경으로 전환되었다. 우리나라 교육 현장에서 수포자라는 현상은 심각한 문제가 되고 있다. 어떻게 하면 수포자를 줄일 수 있는지 생각해보시오.

4. 탈레스의 다섯 가지 정리

무려 2500년 전인 기원전 500년경에 탈레스는 기하의 기초 이론 다섯가지를 말했다.

(i) 임의의 원은 지름에 의해서 이등분된다.

(ii) 두 직선이 만나면 마주 보는 두 각은 같은 각을 이룬다.

(iii) 반원에 대한 원주각은 항상 직각이다.

(iv) 삼각형의 한 변과 양 끝의 각이 다른 삼각형의 그것과 같으면 이들은 합동이다

(v) 이등변삼각형의 두 밑각은 서로 같다.

보통 중학교 수학에 나오는 내용인데, 이 성질들을 그림을 그려 설명해 보시오.

5. 캐서린 훈장

캐서린은 2015년 STEM분야의 선구적인 업적을 인정받아 훈장을 받았다. 여기서 STEM이 무슨 뜻인지 조사하시오. STEM을 한 단계 넓힌 STEAM 도 조사하시오.

제 2 장

애니를 입은 수학 · 과학

- 플랫랜드
- 스피어랜드

플랫랜드 – 다차원 세계의 여행
(Flatland – A journey of many dimensions)

3차원의 세상

1 영화 소개(2007)

영화의 원작은 애드윈 애벗(Edwin A. Abbott, 1838~1926)의 공상과학 소설 <Flatland: A Romance of Many Dimensions(플랫랜드: 다차원 세계의 이야기)>(1884)이며, 저자 애벗은 영국 빅토리아 시대의 신학자이자 교육학자였다. 34분 분량의 애니메이션 <플랫랜드>는 교육용(Classroom edition)으로 제작되었다.

플릿랜드

▌출연(목소리)

- **크리스틴 벨(Kristen Bell): 헥스(Hex) 역**
  〈겨울왕국〉(2013)과 〈겨울왕국 2〉 (2019)에서 안나 목소리 연기를 했으며, 노래까지 멋지게 해냈다.

- **마틴 신(Martin Sheen): 스퀘어(A. Square) 역**
  〈7일간의 사랑〉(1983), 〈대통령의 연인〉(1995), 〈캐치 미 이프 유 캔〉(2002) 등에 출연한 유명 배우이다.

2 영화 제목

플랫랜드(flatland)는 flat과 land를 합한 단어로써, 뜻 그대로 '평편한 나라', '납작한 세상'이라는 뜻이다. 수학 용어로 표현하면 '2차원 평면의 나라'이다. 그 나라에 사는 모든 구성원은 2차원 도형들인 삼각형, 사각형, 오각형, 육각형 등과 같은 평면도형들이다. 한편 flat은 '납작한'이라는 뜻 이외에 '지루한(dull)', '생동감이 없는(lifeless)'과 같이 흥미나 감정이 메마른 상태를 말하기도 하는데, 그만큼 정형화된 지배구조의 사회를 암시한다.

3 영화 줄거리

주인공 아서 스퀘어(A. Square)는 정사각형이다. 그는 아내와 손녀 육각형 헥스(Hex)와 함께 플랫랜드 나라에서 살고 있는데, 그곳은 태어날 때의 모습으로 사회적 계급이 그대로 결정하는 신분 사회이다.

- 이등변삼각형의 자식은 정삼각형이 되고, 정삼각형의 자식은 정사각형이 되고, 정사각형의 자식은 정오각형, 정오각형의 자식은 저 같은 정육각형이지요.
- 그럼 모양에 따라 사회적 지위는 어떻게 달라지지?
- 삼각형은 힘든 일을 하고, 사각형은 사무실에서 일하죠. 원은 모든 도형이 지켜야 할 규칙을 정해요.
- 그건 변이 많을수록 각이 크고, 그래서 더 똑똑하기 때문이야.

삼각형은 가장 하위층에서 노동일을 하며 원은 고위층에서 성직자가 되어 플랫랜드를 통치한다. 사람들의 외형적인 모양에 따라 직업과 사회적 신분이 결정되는 사회이다.

4 영화 장면

4-1. 영화 시작 - 모양이 사람을 만든다.

자, 오늘의 한마디입니다.

- 준비되셨나요?
- 모양이 사람을 만든다.

정사각형인 스퀘어는 손녀 헥스(정6각형)와 플랫랜드 법에 대해 이야기한다.

- 세대마다 변이 하나씩 많아지고 원으로 보일 정도로 변이 아주 많아지면 귀족이 돼요.

삼각형으로부터 시작해서 한 세대가 높아질수록 변의 개수가 하나씩 늘어난다. 여러 세대가 지나면서 결국은 원과 크게 구별되지 않는 모양의 다각형으로 진화되는 것이다. 그런데, 여기서 도형은 반드시 정다각형이어야 하며, 정다각형이 아닌 도형은 그 사회에서 폐기된다. 그러기 때문에 플랫랜드의 구성원들은 '모양이 사람을 만든다(Configuration makes the man)'라는 말로 서로 인사를 나눈다. 사람들의 모양은 이 사회에서 가장 중요한 요소이기 때문이다.

4-2. 엄마 아빠도 저렇게 된 건가요?

겨우 2도 차이일 뿐입니다.

정부기관의 판정에 따라 수술 또는 폐기처분한다.

할아버지 스퀘어(정4각형)와 사는 헥스(정6각형)는 자기의 부모에 대해 아는 것이 없다. 어느 날 헥스는 성직자 원(circle)이 약간 불규칙하게 생긴 어린아이를 체포하는 잔인한 사건을 목격한다. 그 아이는 정다각형에서 겨우 2°차이가 날 뿐이었지만, 사회로부터 폐기처분을 받게 된다. 이 일을 계기로 헥스는 자신의 부모인 5각형에게 어떤 일이 일어났었는지를 할아버지에게 물어보는데, 할아버니는 언제가 알려주겠다면서 대답을 회피한다. 영화 마지막에서 할아버지는 헥스의 부모에 대해 말해준다. 모양 때문이 아니라 3차 방정식과 3차원 연구를 발표했기 때문에 귀족들에게 죽임을 당한 것이었다.

4-3. 차원이란 거 … 정확히 어떤거지요?

차원이란 거 … 정확히 어떤 거죠?

상상하기는 어렵지만, 멋질 것 같지 않나요?

스퀘어는 헥스에게 기하학을 가르쳐 주면서 산술이 기하학 차원으로 설명된다는 것을 알려준다. 예를 들어서 산술적 표현인 3^2의 기하 표현은 한 변의 길이가 3인 정사각형의 넓이이다. 그런데 헥스가 3^3에 대한 기하 표현을 묻자 스퀘어는 그런 것은 다룰 수 없는 것이라고 말하면서 당황한다.

- 3은 3의 1제곱이지. 이것을 길이가 3인 1차원의 선분으로도 볼 수 있지.
- 또 길이가 3인 이 선분을 자신에 수직인 방향으로 3만큼 이동하면 각 변의 길이가 3인 정사각형이 되는데 이것은 3 곱하기 3, 즉 3의 제곱으로도 볼 수 있지.
- 즉, 그 선분이 자기 자신에 수직으로 3만큼 움직이면 넓이가 9, 그러니까 3의 제곱인 정사각형이 돼요.
- 그렇다면, 그 정사각형이, 어떤 식으로든지 자기 자신에 수직으로 3만큼 움직이면,

그건 3의 세제곱, 그러니까 27개의 양을 나타내는 거예요.
- 상상하기는 어렵지만, 멋질 것 같지 않나요?
- 초정사각형은 3차원 공간에 있는 거예요.

헥스는, 뭔지는 모르지만, 3^3을 의미하는 '초'정사각형이라는 막연한 개념을 말한다. 사실 헥스가 말하는 초정사각형은 우리가 오늘날 말하는 정육면체이다.

4-4. 그 왼쪽이나 아래쪽이니 하는 것을 나에게 보여라.

여기서는 방향을 가리킬 때 위쪽이나 아래쪽이라는
말은 잘 안 쓰는 군요?

우리가 사는 세상은 2차원의 공간으로
평면 나라라고 하옵니다.

스퀘어는 꿈에서 0차원 포인트랜드의 왕과 1차원 라인랜드의 왕을 만난다. 그들은 자기가 사는 세상만 있다고 생각하며, 눈으로 볼 수 없는 세상은 존재하지 않는다고 믿는 어리석은 사람들이었다.

- 위쪽이라? 흐음 … 그게 무슨 말인고?
- 어린 아이도 공간에는 두 개의 방향 - 왼쪽과 오른쪽만 있음을 알고 있거늘 …

4-5. 나는 입체도형입니다.

나는 공간, 그러니까 3차원에서 왔소

내가 평면 나라에 들어갈 때는 당신들에게 원으로 보이게 됩니다.

어느 날, 평면도형인 스퀘어는 입체도형인 구를 만난다. 정사각형을 어떤 방향으로 움직여서 3차원의 도형(정육면체)을 만든다고 말했다. 거꾸로 이야기하면, 3차원의 정육면체를 한쪽 방향으로 납작하게 만들면 정사각형이 된다. 여기서 납작하다는 것을 수학에서는 사영(project)한다고 말한다. 마찬가지로 원을 어떤 방향으로 움직여서 만들어진 3차원의 도형이 바로 구이다. 이것을 뒤집어 이야기하면, 3차원의 구를 한쪽 방향으로 사영하면 원이 된다. 다시 말해서, 구는 무수히 많은 원으로 이루어져 있다고 말한 것이다.

4-6. 지금까지 평면 나라가 우주의 전부라고 생각했는데...

지금까지 평면 나라가 우주의 전부라고 생각했는데 …

직접 보지 않아도 이해할 수 있도록

평면 나라에 살고 있는 스퀘어는 자신이 속한 세상이 우주 전부라고 생각하고 살았다.

- 공간에 대한 당신의 지식은 길이와 너비, 그 이상으로 가지 않아요.
- 나는 높이에 대해 알려주기 위해 왔습니다.
- 내가 말하는 방향은 당신들이 볼 수 없습니다.

그러나 직접 보아야만 아는 것은 아니어서, 보지 않아도 이해할 수 있는 사고가 필요하다.

4-7. 4차원도 있지 않을까요?

그렇다면, 마찬가지로 해서 4차원도 있지 않을까요?
어쩌면 더 높은 5차원, 6차원도?

나에겐 4차원이라는 개념은 전혀 이해 불가능하오.

1차원 직선이 2차원 평면을 이해할 수 없었던 것처럼, 2차원의 도형들은 3차원을 이해할 수 없었다. 그것과 마찬가지로 3차원의 구 역시 4차원이라는 개념이 전혀 이해 불가능하다고 말한다.

4-8. 영화 엔딩 - 수학과 논리, 상상력을 사용해서 진실을 밝히십시오.

3차원을 두려워하지 마십시오.
보지 못한다고 두려워하지 마십시오.

수리와 논리, 그리고 상상력을 써서 진실을 밝히십시오.

헥스는 자기 부모의 죽음이 3차원의 발견 때문이라는 것을 알고 나서, 할아버지를 따라 3차원을 구경한다. 2차원에 속한 구성원이 3차원을 이해한다는 것은 결코 쉬운 일이 아니다. 그런데도 주변 사람들은 3차원을 보여 달라고만 요청한다. 3차원을 보는 한 가지 방법은 수학적 논리와 수학적 상상력으로만 가능하다. 눈에 보이지는 않지만, 정신(수학적 추론)으로 이해할 수 있다. 3차원을 사는 구성원이 4차원을 이해하는 것도 마찬가지 일이다. 그러나 '보지 못한다고 두려워하지 마십시오.' 4차원에 대해서도 생각해보셨나요?

5 영화에서 만나는 수학·과학

애니메이션으로 제작된 영화의 장면에는 망델브로 집합과 프랙탈 형태의 도형들이 많이 나온다.

5-1. 망델브로 집합

망델브로(B. Mandelbrot, 폴란드, 미국, 1924~2010)는 정보 이론, 경제학, 유체역학 등 다양한 분야의 논문을 발표했으며, 특히 프랙탈(fractal) 기하학에 중요한 역할을 했다. 과학 잡지 '사이언스'에 1967년에 출판된 논문 '영국의 해안선의 길이는 얼마나 될까'에서 망델브로는 프랙탈적인 영국의 해안선은 어떤 단위의 자로 재느냐에 따라 길이가 얼마든지 달라질 수 있다고 했다. 축척이 큰 지도에서 매끄러운 직선처럼 보이는 해안도 자세히 확대하면 불규칙하게 튀어나온 곳과 들어간 곳을 볼 수 있다. 지도에서 1,000km 정도로 보이던 해안선을 확대해보면 2,000km 정도의 길이로 나타나며, 더 정밀한 지도에서는 그보다 더 길어진다. 해안선의 길이는 사람이 선택한 척도에 따라 결정되어, 극단적으로 말하면, 측정자의 마음에 따라 측정치가 달라질 수 있다는 것을 의미한다. 사람들이 설계한 건축물 대부분은 직선과 단순한 곡선으로 이루어져 있으며 이러한 것들은 유클리드 기하학으로 충분히 설명될 수 있다. 그러나 해안선, 산, 구름 등과 같이 자연계의 수많은 대상들의 모양을 설명하기에는 불충분하다. 망델브로의 해안선과 유사한 현상을 수학적으로 이상화한 도형을 프랙탈이라고 한다.

망델브로는 저서 '자연의 프랙탈 기하학'(1982)에서, 프랙탈이라는 개념을 라틴어 형용사인 프락투스(fractus)에서 가져왔다고 했다. 이에 해당하는 라틴어 프란게리(frangere)는 불규칙한 조각들을 '깨다, 부수다.'라는 뜻이 있는데, 불규칙과 깨어진 이라는 두 가지 의미는 이 개념에 꼭 들어맞는다고 했다. 'fractus'라는 단어처럼 어떠한 물질을 부셔도 전체의 모습을 유지하고 있다는 의미일 것이다. '구름은 구가 아니고 산은 원추형이 아니다. 또한 해안선은 원이 아니고 돛배는 매끄럽지 않고 번갯불이 직선으로 여행하는 것도 아니다'라고 했다.

5-2. 프랙탈이... - 내 속에 네가, 네 속에 내가

(1) 프랙탈 기하학

고사리의 잎은 부분이 전체를 닮은 모양을 하면서(자기 닮음), 이런 닮음의 과정을 끊임없이 반복하는(순환성) 특징을 지니고 있다. 이와 같이 '전체를 부분으로 나누었을 때 그 부분들 각각이 전체를 축소해 놓은 것 같은 불규칙하거나 파편화된 기하학적 형상'을 프랙탈이라고 말한다. 부분이 전체의 모습을 갖고 있는 '자기 닮음'과 그것들이 반복하는 '순환성'이 특징이다. 수학의 또 하나의 혁명인 '프랙탈 기하학'은 유클리드 기하에서는 다루지 않았던 자연계의 복잡한 자기 닮음 도형을 연구 대상으로 한다. 자기 닮음과 순환성은 간단한 수학식

$$z = z^2 + c$$

으로 표현된다. 여기서 z와 c는 복소수이다. 이 간단한 수학식으로부터 망델브로 집합이나 쥘리아 집합이라고 하는 광활한 우주가 만들어졌으며, 그 속에는 쉽게 상상할 수 없었던 놀라운 것들이 수없이 많이 있다. 프랙탈은 몇 가지 특성을 가지고 있다.

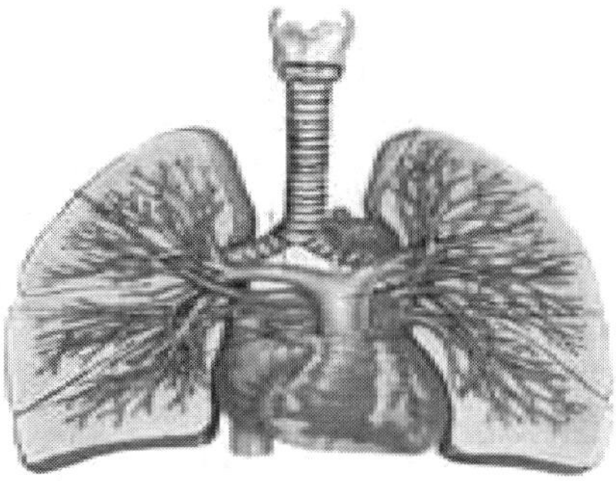

- 전체와 부분이 닮은 형태: 어느 부분을 확대하여도 전체의 모양과 닮았다. 부분 속에 전체가 들어있는 구조로 부분이 전체를 반영하는 반복 구조를 의미한다.
- 비규칙, 비대칭 구조: 유클리드 기하의 삼각형, 사각형, 원, 구 등의 형태를 확대하면 그 구조가 보이지 않는다. 그러나 프랙탈은 확대하거나 축소하더라도 단순해지지 않으며 비규칙성의 정도가 계속 발생되는 자기닮음성을 나타낸다. 망델브로에 의하면 '시에르핀스키'나 '코흐곡선'은 모든 부분이 전체와 정확히 일치하기 때문에 선형적인 자기닮음이나 대칭구조를 갖는다고 하였다. 그러나 프랙탈은 엄격한 자기닮음이나 단조로운 반복이 아니며 완전한 동일성이 해체된 비동일적인 카오스의 세계를 나타낸다. 시에르핀스키나 코흐곡선은 영화 <스피어랜드>에서 읽자.

(2) 프랙탈 차원

프랙탈 기하에서의 도형은 유클리드 기하의 도형들, 예를 들어, 구면, 사각형, 직선과는 다른 형태이다. 기하학의 중요한 개념 중 하나가 '차원'인데, 유클리드 기하학에서 말하는 차원은 음이 아닌 정수로 표현된다. 구면과 같은 입체들은 3차원이고, 사각형과 같은 평면들은 2차원이며, 직선과 곡선은 1차원이고, 점들은 0차원이다.

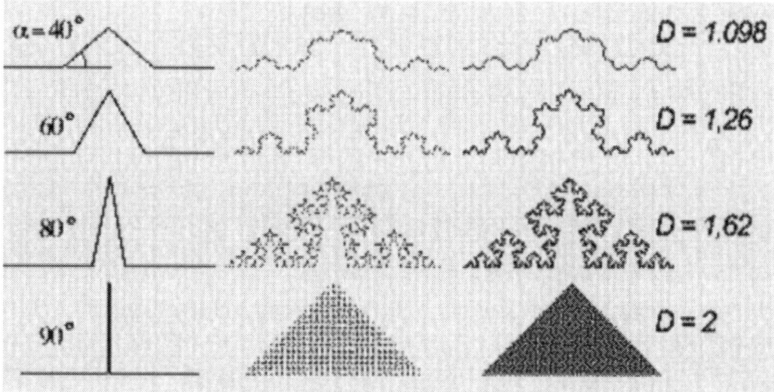

그러나 프랙탈 기하학에서는 도형이 휘어져진 정도에 따라 차원의 값이 결정되는데, 소수로 표현된다. 예를 들어서 1.098차원, 1.26차원, 혹은 1.62차원 등과 같다. 프랙탈 곡선이 직선과 유사할수록 더 매끄러워서 프랙탈 차원은 1에 가까워진다. 마찬가지로 프랙탈 삼각형의 차원은 1과 2사이의 값인데, 프랙탈 삼각형이 유클리드 기하에서의 삼각형과 유사할수록 2차원에 가까워진다. 프랙탈 차원은 그 프랙탈이 속해 있는 도형의 유클리드 차원보다 크지 않은 값이다. 프랙탈 차원은 수학의 극한(limit)과 자연로그(log)의 간단한 계산으로 결정되는데, 영화 <스피어랜드>에서 읽자.

(3) 프랙탈의 현재와 미래

수학 이론 프랙탈은 오늘날 '프랙탈 아트'라는 예술의 한 분야로 자리잡고 있으며 프랙탈 모형을 만드는 사람을 '프랙탈 아티스트'라고 한다. 망델브로가 비정규적 패턴을 체계적 연구하기 전까지는, 몇몇 수학자만이 칸토르 집합, 평면을 채우는 페아노 곡선 등을 예외적인 집합으로 다루었다. 그러나 망델브로의 선구적 연구와 컴퓨터 그래픽을 이용한 시각적 표현으로, 프랙탈은 과학자뿐 아니라 일반 대중에게도 관심 대상이 되었다. 컴퓨터를 사용하여 c의 값만 변형시키면서 $z_n = z_{n-1}^2 + c$의 그래프를 그리면 멋지고 황홀한 프랙탈 그림이 나온다. 3D로 제작된 영화 <플랫랜드>에는 물론 수많은 CG 영화에서도 프랙탈 도형이 사용된다,

5-3. 삼차방정식에 대해 엄마가 쓴 글을 봤어요.

천 년을 기다려 온 문제? 바로 3차 방정식의 풀이 방법이 그랬다.

삼차방정식에 대해 엄마가 쓴 글을 봤어요

이 문제는 천 년을 기다려 왔어.
난 자네를 믿어.

2차 방정식 $ax^2+bx+c=0$은 근의 공식에 의해 $x=\frac{-b\pm\sqrt{b^2-4ac}}{2a}$라는 근을 항상 찾을 수 있다. 이것은 브라마굽타(Brahmagupta, 인도, 628년경)가 쓴 책에 소개되었고 그 후 알콰리즈미(al-Khwarizmi, 페르시아, 780~850년경)에 의해 지금 형태의 공식으로 만들어졌다.

2차 방정식의 해법을 알게 된 후에 수학자들의 관심은 자연스럽게 3차 방정식으로 넘어갔다. 수많은 연구와 노력이 있었지만, 2차 방정식의 근의 공식을 알게 된지 거의 1000년이 지난 1530년대에 타르탈리아, 카르다노와 같은 이탈리아 수학자들이 해결했다.

페로(S. del Ferro, 1465~1526)는 볼로냐대학 교수였는데 3차 방정식 풀이에 관해 어느 수준까지 도달해 있어서, 3차 방정식의 특별한 형태인 $x^3+ax+b=0$의 해법을 알았다. 그는 해법을 발표하지 않고 그의 제자인 피오르(A. Fior 1506~?)에게만 문제풀이 비법을 전수했다.

타르탈리아(N. Tartaglia, 1500~1557)의 본명은 폰타나(N. Fontana)인데, 그가 어렸을 때 마을에 있었던 전쟁 중에 턱을 다쳐서 말더듬이가 되었기 때문에 붙여진 말더듬이라는 별명이다. 신체적 결함 때문인지 가난하게 살았다. 3차 방정식에 관한 페로의 발견 이후 약 20년이 지나, 1535년에 타르탈리아는 3차 방정식의 또 다른 특별한 형태인 $x^3+ax^2+b=0$의 해법을 알아냈다고 주장했다. 그는 자신이 해법을 알아냈다고 발표했지만, 공식은 절대 비밀로 했다. 그가 정말 3차 방정식 해법을 발견했는지를 확인하는 방법은 다른 사람들이 3차 방정식 문제를 타르탈리아에게 주고, 얼마 후 그가 세 개의 해를 구해오면 그것이 해가 되는지 아닌지는 방정식에 대입해 보면 알 수 있었다. 예를 들어 타르탈리아에게 방정식

$$x^3 + \frac{1}{2}x^2 - \frac{13}{2}x + 3 = 0$$

을 주었다고 하자. 타르탈리아가 2, -3, $\frac{1}{2}$을 구해오면 간단히

$$(x-2)(x+3)(x-\frac{1}{2}) = x^3 + \frac{1}{2}x^2 - \frac{13}{2}x + 3$$

을 계산함으로써 근을 확인할 수 있다. 이런 일을 몇 차례 거듭하면 타르탈리아가 공식을 알고 있음을 확신할 수 있다. 사람들은 타르탈리아의 공식을 알고자 했으나 그가 계속 비밀로 하는 바람에 알 수 없었다. 당시는 수학 시합이 많았던 시절이었다. 수학 시합은 일종의 도박처럼 큰 현상금이 걸리곤 했는데, 상대편에서 제시한 문제를 먼저 푸는 쪽이 승리하면서 명예와 돈을 동시에 가질 좋은 기회였다. 페로와 피오르는 자신들이 그토록 어렵게 풀어낸 문제를 이름도 없는 타르탈리아가 풀어냈다는 말에 몹시 불쾌해하며 믿지 않았다. 이에 피오르와 타르탈리아는 문제풀이 공개 시합을 했다. 그들은 각기 30문제씩 출제하여 상대방에게 보내기로 했다. 타르탈리아에게는 명성과 부를 얻을 절호의 기회였고, 시합이 열리기 불과 며칠 전에 페로가 낸 방정식 형태인 $x^3 + ax + b = 0$의 해법을 찾아내는 쾌거를 올렸다. 타르탈리아가 완승을 거두었고 돈과 명예를 얻었다. 그는 자신의 해법을 완전히 비밀로 한 채 책을 저술하여 그 안에 수록하고자 했다.

카르다노(G. Cardano, 1501~1576)는 수학사에서 간교한 성격의 소유자라는 좋지 않은 평가를 받는 사람이다. 사생아로 태어나서 평생을 병약한 상태로 육체적 고통 속에서 살아왔다고 자신의 자서전에서 기록하고 있다. 의사로서 많은 재산을 소유하였고 종

교, 수학, 물리학, 철학 등에도 훌륭한 업적을 남기고 있다. 그러나 도박과 약물중독으로 일상생활에서는 지탄을 받았고 끝내 자살로 삶을 마감했다. 타르탈리아가 했던 공개 시합을 전해 들은 카르다노는 타르탈리아에게 접근하여 3차 방정식 해법을 알려주기를 거듭 요청하였다. 그러나 거절당하자 거짓 편지와 권력을 동원하여 절대 비밀로 지킬 것을 약속하고 공식을 얻어 냈다. 얼마 후, 카르다노는 타르탈리아의 방법을 바탕으로 일반 3차 방정식의 해법을 알아냈고, 재빨리 저서 <아르스 마그나(Ars Magna)>에 발표했다. 1545년에 출판된 이 책은 3차 방정식의 기법을 확장하여 4차 방정식의 해법까지 포함하고 있는 최고의 저서로 명성을 갖게 되었다. 한편, 타르탈리아는 카르다노에게 속아서 자신의 연구 결과를 넘겨준 것으로 인해 소송도 벌였지만 결국 병으로 사망했다. 카르타노에 관해서는 영화 <Twenty One 21>을 읽자.

3차 방정식 $ax^3+bx^2+cx+d=0$의 근을 찾기 위해 우선 허수의 문제가 해결되어야 했다. 허수에 대해서는 영화 <박사가 사랑한 수식>을 함께 읽자.

6 영화 밖 이야기

6-1. 풀지 못하는 방정식은 없고, 해결하지 못하는 문제도 없고…

수학의 난제라고 불리는 여러 문제가 있다. 그중에서 여전히 풀리지 않은 채로 남아있어서 많은 수학자가 끊임없이 도전하는 문제가 있는데, 예를 들어서 소수(prime)에 관련된 문제인 리만 가설이 그런 종류이다. 한편은 오랜 세월이 흘러 해결된 문제도 있다. 350년 동안 난제로 남아있던 '페르마의 마지막 정리'가 그런 종류이다. 수학의 난제에 대해서는 영화 <어메이징 메리>를 읽자. 또한 페르마의 마지막 정리에 대해서는 영화 <옥스퍼드 살인>을 읽자.

1500~1600년대에 3차 방정식과 4차 방정식 풀이법이 발견된 이후 사람들은 다시 5차 방정식 풀이에 열을 올렸다. 이 문제 역시 200년가량 오랜 세월이 걸려 결국 해결되었다. 최종 승자는 갈루아였지만, 그가 사망한 훨씬 뒤의 일이었다.

풀지 못하는 방정식이 없고
(No equation without solution),

해결하지 못하는 문제는 없어요.
(No puzzle couldn't be solved).

에베레스트 갈루아(E. Galois, 1811~1832)는 학교에 입학한 첫해에 여러 개의 상을 받을 정도로 잘 지냈으나 곧 학교생활에 싫증 냈다. 교사들은 그러한 갈루아를 '논쟁적이고, 수업 태도가 산만하고 편견에 치우친 학생'이라고 평가했다. 기존 사회에 항거하는 성격의 갈루아는 말 그대로 문제 학생이었다. 16살에 명문대학 에콜 폴리테크니크에 입학시험을 치렀다. 수학적 재능은 뛰어났지만, 자신의 생각을 시험지에 논리적으로 쓰는 능력이 부족하여 낙방하고 말았다. 그다음 해에도 폴리테크니크에 재도전했고 다시 낙방했다. 이번에는 구술시험이었는데 공손하지 않은 그의 태도는 시험관들을 화나게 만들었다. 결국 갈루아는 에콜노르말대학에 입학했다. 17살 갈루아는 프랑스 아카데미에 방정식의 대수적 해법 연구에 대한 논문을 제출했다. 당대 최고의 수학자였던 코시(A. Cauchy, 1789~1857)가 논문 심사위원이었는데, 일설에 의하면 코시가 그 논문들을 함부로 취급하여 분실했다고도 하지만 한편으로는 갈루아의 논문에 관심을 가졌고 오히려 수학 공모전에 응모하도록 격려했다는 이야기도 있다. 실제로 몇 달 후에 갈루아는 수학 공모전에 논문을 제출했다. 아카데미의 총무였던 푸리에(J. Fourier, 1768~1830)는 심사를 끝내기 전에 급작스레 사망함으로써 논문들이 분실되었다. 1년 후에 3번째 논문을 제출했고, 푸아송(S. Poisson, 1781~1840)이 논문 심사를 맡게 되었다. 당대 최고의 수학자들이었지만, 갈루아의 논문을 심사할 수 없었다. 푸아송은 그 자신이 갈루아의 연구를 이해할 수 없었다고 인정하였고 갈루아가 논문을 가다듬어 재투고할 것을 조언했다.

보통의 상황이었다면 갈루아는 연구를 발전시켜서 다시 제출했을 것이다. 그러나 갈루아가 살았던 1790년대의 프랑스는 대혁명의 여파로 소요가 끊이지 않았으며 갈루아는 혁명을 적극적으로 지지하는 입장이었다. 그는 국왕과 정부를 전복하려고 한다는 죄목으로 한두 번 투옥되기도 했다. 1832년 4월에 석방되었을 때, 그는 한 여자를 사랑하고 있었다. 석방된 지 불과 며칠 후에 그는 자신의 정치적 적수와 마주쳤고 여자의 사랑을 놓고 '명예의 결투'를 약속했다. 그는 결투에서 이길 가능성이 거의 없다고 알고 있었기 때문에 서둘러 수학 논문을 끝내려고 했고, 논문의 여백에 '시간이 없어, 시간이 없어'를 수차례 쓰기까지 했다. 그는 이 논문과 지난번에 아카데미에 제출했다가 분실된 논문들을 그의 친구에게 보냈다. 결투 전에 쓴 편지에 수 세기 동안 수학자들이 힘겹게 도전해왔던 문제의 해법을 필사적으로 마무리한 것이다. 1832년 5월 30일에 결투에서 총을 맞고 사망했다. 그의 연구 결과는 그가 죽은 지 15년이 지나 리우빌(J. Louiville, 1809~1882)이 갈루아의 해법을 언급하는 논문을 발표한 1846년이 되어서야 알려졌다.

갈루아의 수학은 우리가 일상생활에서는 거의 경험되지 않는 분야이지만, 수학의 가장 기본영역의 하나인 대수 방정식의 근을 찾는 연구가 발전된 것이다. 중고등학교에서 방정식의 근을 찾는 문제가 많이 나오는데, 대부분의 경우는 보통 쉽게 근을 찾을 수 있다. 방정식 풀이는 2차 방정식의 일반 해법이 알려지기 4000년 전으로 올라간다. 2차 방정식은 한 개 이상의 근을 가지며 실근이 아닌 것도 있다는 점에서 도전이 되지만, 그것들은 항상 근을 갖는다. 2차 방정식 풀이 후에 몇천년이 지나 16세기가 되어서야 카르다노 같은 수학자를 만나면서 3차와 4차 방정식의 일반해가 알려졌다. 일반 3차 방정식에서 $x=y-\frac{a}{3}$으로 치환하여 2차 방정식과 하나의 1차 방정식으로 인수분해할 수 있다. 마찬가지로 일반 4차 방정식에서는 $x=y-\frac{a}{4}$으로 치환하여 카르다노 방법에 의해 근을 갖는 3차 방정식으로 변형시킬 수 있다. 자연스러운 질문은 이러한 치환이 방법이 어느 정도 고차의 다항식에 적용될 수 있을까 하는 것이다. 일반 5차 방정식에 적용할 수 있을까? 카르다노의 해법처럼 5차 방정식도 풀 수 있을 것이라고 믿는 많은 수학자가 있었다. 오일러, 라그랑주 등과 같은 당대 최고의 수학자들이 노력했지만, 근을 찾아내지 못했다. 그러던 중 1799년 러피니는 5차의 대수 방정식은 근을 대수적으로 푸는 방법이 없다고 주장했다. 이것은 오랜 세월이 지나 1826년에 아벨이 증명하였다. 5차 방정식이 대수적으로 풀리지 않는다면 어떤 방정식이 풀리며 어떤 것이 풀리지 않는가와 같은 또 다른 질문이 제기되었다. 아벨의 증명이 발표되었을 때 어린 소년이었던 갈루아는 답을 발견하려고 노력 중이었다.

생각해 보기

1. 볼록다각형과 오목다각형

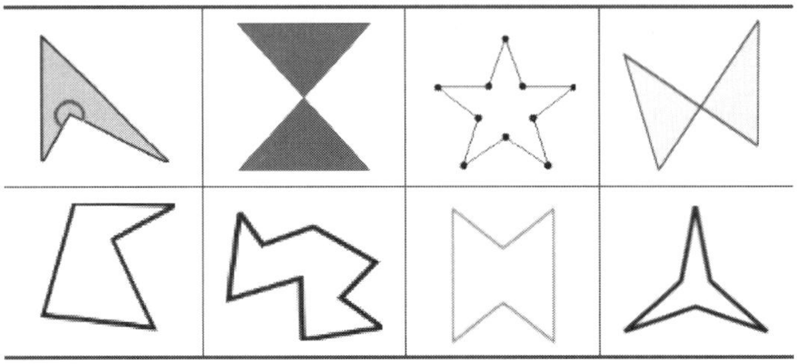

삼각형, 사각형 그리고 n각형을 말할 때 우리는 항상 볼록다각형을 기본으로 생각한다. 모든 내각의 크기가 180° 미만일 때 볼록다각형이라고 한다. 한편 적어도 하나 이상의 내각이 180° 보다 큰 다각형을 오목다각형이라고 부른다. 위의 모든 다각형에서 180° 보다 큰 각을 쉽게 찾을 수 있으므로, 모두 오목다각형이다. 오목다각형은 적어도 4개의 변이 있어야 한다.

위의 표에 나오는 다각형을 무엇이라 부르면 좋을지 생각해 보시오.

2. 소설 〈플릿랜드〉, 애니메이션 〈플릿랜드〉 그리고 〈플릿랜드(교육용)〉

〈플랫랜드(교육용)〉은 1884년에 출판된 애벗의 〈플랫랜드〉를 원작으로 제작된 34분 분량의 애니메이션 영화이다. 그런데 교육용으로 제작되면서, 소설의 내용 중에서 수학 관련된 내용을 크게 강조하였고 그 외의 많은 부분이 삭제되었다. 오히려 애벗의 〈플랫랜드〉를 충실히 반영한 애니메이션인 영화 〈플랫랜드〉가 있는데, 1시간 35분 분량으로서 래드 엘링거 주니어(L. Ehlinger)감독이 컴퓨터 애니메이션으로 제작했으며 엘링거의 가족 친지들이 목소리로 출연했다. 책 〈플랫랜드〉이든지 애니메이션 〈플랫랜드〉를 먼저 본 사람은 〈플랫랜드(교육용)〉을 볼 때, 영화에 등장하는 인물들의 가족관계가 다른 점에서 많이 혼동된다.

(i) 위 그림은 1884년 애벗의 저서 〈플릿랜드〉의 표지이다. 표지의 그림에 있는 오각형 그림에서 말하는 그 사회의 계급제도와 남녀차별의 상황을 쓰시오.

(ii) 영화의 원본이 되는 애벗의 책 〈플랫랜드〉에서는 헥스(6각형)가 스퀘어(4각형)의 아들이다. 이것은 플랫랜드 사회의 규칙에 위배되는 관계로 보이는데, 책에서는 이 상황을 어떻게 설명하는지 조사하시오.

(iii) 애벗의 책 〈플랫랜드〉에서 모든 여성은 정사각형이 아니라 직사각형으로 묘사된다. 그러면 직사각형 모양도 한 세대가 지나가면서 변의 수를 $4,5,6,\cdots$ 처럼 늘릴 수 있을까? 자신의 생각을 쓰시오.

3. 카르타노와 타르탈리아

이름 대신 말더듬이라는 별명으로 불리던 타르탈리아는 3차 방정식의 해법을 발견했다. 간교한 성격의 소유자였던 카르다노는 타르탈리아에게 접근하여 그 해법을 빼냈는데 절대로 발표하지 않는다는 약속이 있었다. 그러나 카르다노는 1945년에 저서 〈아르스 마그나(Ars Magna, 위대한 기술)〉에 3차 방정식의 해법을 실었다. 카르다노는 책에 "이 해법을 타르탈리아로부터 받은 후, 그 증명에 대해서 침묵을 지킨다고 약속했다. 그러나 그 증명을 보고 스스로 연구한 결과 타르탈리아 증명보다 더욱 일반적인 이론을 얻어 그 결과를 여기에 공개한다"라고 썼다. 그러나 타르탈리아는 약속을 깬 일에 대해 항의와 논쟁을 이어갔고, 끝내 명예를 되찾지 못하고 1557년에 쓸쓸히 사망했다. 오늘날 3차 방정식풀이는 '카르다노 공식'이라고 불린다. 이 사건은 카르다노를 수학계의 사악한 사람으로 평가하는데 큰 요인이 되었다. 최근에는 어떤 연구결과를 숨기고 혼자 가지려는 입장과, 그것을 여러 사람과 소통하고 공유하는 입장에서 이 두 사람에 대한 새로운 평가의 의견도 있다. 이에 관련하여 자신의 생각을 써 보시오.

4. 영화에서는 그들의 각도가 점점 커지기 때문에 더욱 지혜롭게 된다고 설명한다. 한 세대가 지나면서 각도는 얼마나 커지는지 알아보자.

삼각형의 내각의 합(모든 각의 합) 이 180도라는 것은 잘 알려져 있다. 따라서 정3각형의 한 각은 $\frac{180}{3}=60$도이다. 이와 같이 정각형의 각도를 유추 또한 추론해 보자.

정3각형의 세 각의 합 = 180도. 정삼각형이 한 각의 크기 $=\frac{180}{3}=60$

정4각형의 네 각이 합 $=180+180=360$. 정4각형의 한 각의 크기 $=\frac{360}{4}=90$

정5각형의 다섯 각이 합$=180+180+180=540$.

정6각형의 여섯 각의 합 $=180+180+180+180$.

그러므로 정10각형의 모든 각의 합은 $=180+\cdots+180=1440$이며, 이 때 한 각의 크기는

$\frac{1440}{10}=144$ 이다.

	정4각형	정5각형	정6각형
한 꼭짓점에서의 대각선의 수	정4각형의 한 꼭지점에서 1개의 대각선을 그을 수 있다.	정5각형의 한 꼭지점에서 2개의 대각선을 그을 수 있다.	정6각형의 한 꼭지점에서 3개의 대각선을 그을 수 있다.
그림	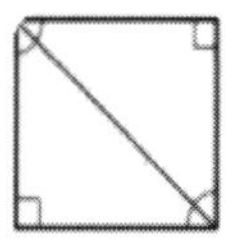	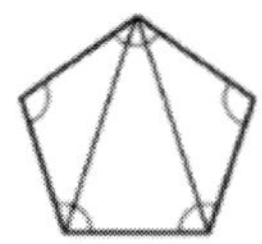	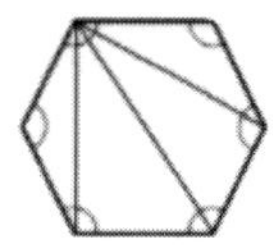
도형 안의 삼각형의 수	삼각형 2개	삼각형 3개	삼각형 4개
도형의 내각의 합	각 삼각형의 내각의 합이 180도이므로, 정4각형의 내각의 합은 $180+180=2\cdot180$이다.	삼각형 3개의 내각의 합을 더하면 정5각형의 내각의 합: $180+180+180$ $=3\cdot180$이다.	삼각형 4개의 내각의 합을 더하면 정6각형의 내각의 합: $180+180+180+180$ $=4\cdot180$이다.
한 꼭짓각의 크기	4개의 각이 있으므로, $\frac{2\cdot180}{4}=90$도이다.	5개의 각이 있으므로, $\frac{3\cdot180}{5}=108$도이다.	6개의 각이 있으므로, $\frac{4\cdot180}{5}=120$도이다.
도형안의 대각선의 수	한 꼭짓점에서 1개의 대각선이 그어지므로 모두 4개의 대각선을 그을 수 있다. 그러나 하나의 대각선이 두 꼭짓점에 이어지므로, 도형 안의 대각선수는 $\frac{4}{2}=2$.	한 꼭짓점에서 대각선 2개식. 꼭짓점이 5개이므로 $5\cdot2$. 각 대각선이 두 개의 꼭짓점을 연결하므로 $\frac{5\cdot2}{2}=5$	한 꼭짓점에서 대각선 3개식. 꼭짓점이 6개이므로 6×3. 각 대각선이 두 개의 꼭짓점을 연결하므로 $\frac{6\cdot3}{2}=9$

여기서 보듯이, 정3각형, 정4각형, 정5각형, 정6각형의 한 각의 크기는 각각 60, 90, 108, 120도처럼 점차 커지는 것을 알 수 있다.

문제 (ⅰ) 정n각형의 내각의 합과 한 각의 크기를 알아보시오.

문제 (ⅱ) 플랫랜드의 한 세대가 지나가면 각 도형의 각의 크기는 어떻게 되는지 알아보시오.

4. 풀이

(ⅰ) 정n각형의 한 꼭짓점에서 그을 수 있는 대각선의 수는 $n-3$이며, 정n각형 안에 $n-2$개의 삼각형을 그릴 수 있다. 그러므로 정n각형의 내각의 합은 $(n-2)\cdot 180$ 이 되어, 정n각형의 한 각의 크기는 $\frac{(n-2)}{n}\cdot 180$ 이다.

(ⅱ) 정n각형의 한 각의 크기인 $\frac{(n-2)}{n}\cdot 180$와 정$(n-1)$각형의 한 각의 크기인 $\frac{(n-3)}{n-1}\cdot 180$의 차를 계산하면

$$\frac{(n-2)}{n}\cdot 180-\frac{(n-3)}{n-1}\cdot 180=\frac{(n-2)(n-1)-n(n-3)}{n}\cdot 180$$

$$=\frac{2}{n(n-1)}\cdot 180=\frac{360}{n(n-1)}>0$$

이므로, 정n각형의 한 각이 정$(n-1)$각형의 한 각보다 $\frac{360}{n(n-1)}$만큼 더 크다. 따라서 플랫랜드에서는 한 세대가 바뀔수록 $\frac{360}{n(n-1)}$의 각이 넓어진다.

스피어랜드
(Flatland²: Sphereland)

4차원의 세상

1 영화 소개(2012)

영화의 원작은 디오니스 버거(D. Burger)의 소설 <스피어랜드(Sphereland)>(1965)인데, 애벗(A. Abbott)의 <플랫랜드>(1884)의 후속작이다. 네덜란드 고등학교 물리 교사인 버거는 수학과 물리학을 훌륭하게 설명했다. <스피어랜드>는 영화 <플랫랜드>보다 더 역동적이고 흥미진진한 교육용 영화이며 <플랫랜드>의 출연진들이 다시 합류했다.

스피어랜드

▌출연(목소리)

- **크리스틴 벨(K. Bell): 헥스(Hex) 역**
  〈플랫랜드〉에서 헥스 역을 한 벨이 다시 출연했다.
- **대니 푸디(D. Pudi): 펑토(Puncto) 역**
  영화 〈스타트렉 Beyond〉(2016), 〈스머프: 비밀의 숲〉(2017) 등에 출연했다.

2 영화 제목

스피어(sphere)는 3차원 구면을 말하므로, 스피어랜드는 3차원 공간 나라이다. 그러므로 스피어랜드의 많은 내용이 구면기하에 관한 것인데, 이것은 2차원 평면인 플랫랜드에서 사용되는 평면기하와 매우 다르다. 우리가 살고 있는 둥근 지구는 종이(평면)에 정확히 표현하기 어려운데, 이럴 때 구면기하학이 필요하다. 항해나 항공이동에서는 물론 국경이나 토지 측량에 반드시 필요한 수학적 지식이 되며 특히 우주 관련 문제를 해결하는 데 큰 역할을 한다.

애벗의 소설 <플랫랜드>에 영감을 받아 그 후속으로 발표된 여러 작품 중에, 버거의 <스피어랜드> 이외에 이언 스튜어트(I. Stewart)의 <플래터랜드(Flatterland)>(2001), 루디 러커(R. Rucker)의 <스페이스랜드(Spaceland)>(2002) 등이 있다. 영화 <플랫랜드>를 읽자.

3 영화 줄거리

<플랫랜드>에서 A. 스퀘어가 주장한 3차원에 대한 지식은 그 나라 사제인 원들에 의해 거절되었고, 결국 A. 스퀘어는 사회에서 배척당한 채로 죽었다. 스퀘어의 손녀인 헥스(Hex)는 할아버지와 함께 3차원을 여행한 후 수학자로 성장했지만, 사회와 거의 단절된 채로 차원 연구에 몰두해 있다. 그러나 플랫랜드 역시 어느 정도 개방되며 변화되었다. 플랫랜드 사회는 우주탐사를 위한 정책까지 펼치고 있지만, 3차원 기하에 대한 기본 지식이 없는 상태에서, 자칫 큰 위험에 빠질 위기에 처한다.

**나는 삼차원 공간에 대해 할아버지와 내가 발견한 걸
사람들에게 알리기를 바랬을 뿐이었는데 …**

**평면 나라는 할아버지의 말도, 제 말도 들어주지 않았어요.
나는 실패했어요.**

수학자 펑토(Puncto)는 우주탐사를 추진하는 우주국에서 일하고 있다. 그는 연구 과정에서 이상한 상황을 발견했다. 그 결과로 인해 자기 자신도 무척 혼란스러울 뿐만 아니라, 기존 이론과 다르다는 이유로 주변으로부터 조롱당하고 웃음거리가 된다. 그러던 중 펑토가 헥스를 만나면서, 3차원, 4차원, 더 나아가 5차원에 대해 공동연구를 한다. 플랫랜드에서는 3차원 구가 2차원 평면 도형에게 3차원 공간을 알려주는 이야기가 주류였다면, 스피어랜드에서는 4차원 오버스피어가 3차원 구에게 4차원을 전하는 내용이 담겨있다.

4 영화 장면

4-1. 영화 시작 - 20년 후. 나는 펑토라고 해요.

방해해서 죄송해요.
'펑토'라고 해요. 당신이 헥스씨 인가요?

당신이 삼차원으로 가는 관문을 발견하셨죠?

<플랫랜드> 이후 20년이 지났다. 헥스는 할아버지와 함께 3차원을 여행해 보았지만, 그 후로 더 이상 3차원을 보지 못했다. 우주 연구소에서 일하는 펑토는 우주선 발사를 위해 궤도를 연구하던 중 내각의 합이 180° 보다 큰 삼각형을 발견한다. 주변 사람들은 펑토가 잘못 측량한 것이라고 말하면서, 펑토는 직장에서 해고 위험에 처한다. 이에 펑토는 헥스를 어렵게 찾아온다.

- 당신이 3차원으로 가는 관문을 발견하셨죠?
- 그걸 찾는 거라면 운이 없으시네요. 사라져버린 지 오래됐어요.

펑토(puncto)는 점, 포인트, 순간이라는 뜻의 라틴어이다.

4-2. 제가 온 건 말이에요 …

> **제가 온 건 말이에요.**

> **만나는 수학자마다 붙잡고 물어봤어요.**

수학자 펑토는 우주선이 태양계를 통과하도록 하는 연구 과정에서 이해할 수 없는 이상한 데이터를 얻는다. 우주선 발사를 위해서는 필수적으로 해결되어야 하는 문제인데, 만일 그렇지 못하면 사회가 큰 위험에 처하게 된다. 다른 수학자들에게도 자문을 구했지만, 번번히 펑토가 잘못 계산한 것이라는 대답만 듣는다.

4-3. 이 각들을 더하면 180도보다 약간 커요.

> **삼각형의 세 각의 크기를 모두 더하면 뭐가 되죠?**

> **이 각들을 더하면 180도보다 약간 커요.**

펑토가 헥스에게 말한다.

- 내일 아침 우리 태양계의 별과 다른 행성들이 수천년만에 처음으로 정확하게 직선으로 배열하게 돼요. 시간 맞춰 우주선을 발사하면 거기에 평행으로 지나가면서 모든 천체를 적당한 거리에서 관찰할 수 있는거죠.
- 문제가 생긴 건, 우주선의 목표 지점들을 삼각 측량하기 시작하면서예요. 두 대의 인공위성에서 전파를 발사해서 멀리 있는 물체에 반사되도록 해요.

- 그러면 삼각형의 밑변의 길이와 그 양 끝 각의 크기를 알 수 있고, 전파가 되돌아오는 시간을 재면 위성에서 그 물체까지의 거리도 알 수 있어요. 삼각형의 나머지 한 각의 크기도 측정할 수 있죠.
- 하지만 삼각형의 세 각을 더하면 뭐가 되지요?
- 삼각형의 세 각의 크기의 합은 항상 180°가 되죠.
- 이 삼각형들은 아니에요. 이 각들을 더하면 180°보다 약간 커요. 거기다가 삼각형이 클수록 각의 합이 더 크다고요.

오래전부터 알고 있던 수학적 지식으로는 설명할 수 없는 결과가 나온 것이다.

4-4. 여기엔 뭔가 있어요.

하지만 여기엔 뭔가 있어요.
만약에 '직선이 똑바르지 않다.'면 어떻게 되죠?

달리 어떻게 설명하죠?
만약 공간이 이런 식으로 휘어져 있다면
그동안 측정값들을 믿으면 안 돼요.

그들은 서로 힘을 합쳐 예기치 못한 측정을 설명할 수 있는 이론을 연구한다.

- 하지만 여기엔 뭐가 있어요. 만약에 직선이 똑바르지 않다면 어떻게 되죠.
- 변이 휘어져 있다면? 각의 합이 180°보다 큰 삼각형과 각의 합이 180°보다 작은 삼각형이 모두 생기죠.
- 그런 삼각형이 있다고 해도 대체 어떤 모양이라는 거죠? 전파는 똑바로 나아가잖아요?
- 만약 공간이 휘어져 있다면 그동안의 측정값들을 믿으면 안돼요. 우주선의 행성에 너무 가까이 접근해서 중력에 끌어당겨져서 충돌할 수도 있고 …

- 사각형을 둘로 나누면 변이 똑바른 직선이고 각의 합이 180도인 두 개의 삼각형이 되죠. 하지만 변이 휘어져 있다면 이렇게 각이 합이 180도보다 큰 삼각형과 각의 합이 180도인 두 개의 삼각형이 되죠.

4-5. 새로운 발견을 할 기회라고요

문제가 있고, 우리가 해결할 수 있을지도 모르잖아요.

**새로운 발견을 할 기회라고요.
수학자로서 명예를 회복할 수도 있고요.**

그들이 살고 있는 세계는 실제로는 엄청나게 큰 구(sphere)이기 때문에, 평면이 아닌 구의 표면에 그리는 삼각형에서 세 내각의 합이 180 ° 보다 커진다는 결론에 도달한다.

- 문제가 있고, 우리가 해결할 수 있을지도 모르잖아요.

마침 20년 만에 다시 만나게 된 구 스페리우스의 도움으로 유클리드 기하가 아닌 새로운 기하, 비유클리드 기하를 알게 되면서 삼각형 내각의 합의 문제를 해결한다.

4-6. 더 높은 차원이 있느냐고

**네 할아버지가 내게 사차원, 오차원, 또는 더 높은 차원이
있느냐고 물은 적이 있었지.**

**나는 그런 질문은 의미가 없다고 했지.
진실을 알지 못했기 때문에 …**

2차원 평면 나라의 스퀘어(정사각형)에게 3차원의 스피어(구)는 우월한 듯이 3차원 세계를 알려주었다. 그러나 4차원의 오버스피어를 만난 후 스피어는 자신의 어리석음을 깨닫게 되었다.

- 네 할아버지가 내게 4차원, 5차원 또는 더 높은 차원이 있느냐고 물은 적이 있었지. 나는 그런 질문은 의미가 없다고 했지, 진실을 알지 못했기 때문에.
- 내가 스퀘어를 찾아갔던 것처럼 내게도 누군가가 찾아왔어. 오버스피어라는 존재가 공간 나라를 지나가면서 나에게 놀라운 것을 보여주었지.
- 네 할아버지에게 더 높은 차원을 생각하는 것은 의미가 없다고 한 얘기를 오버스피어에게 했더니, 한심하다더군요. 평면 나라 사람에게 삼차원을 보여준다면서 더 높은 차원에 대한 호기심을 부정하다니!

높은 차원에 있으면 그만큼 풍부하고 정확한 지식을 가진 것은 아니냐는 질문을 한다. 그러나 차원이 높은 것과 위대한 것은 아무 상관이 없는 것이다.

4-7. 영화 엔딩 - 우리가 진실을 탐구하는 것은 다른 사람과 함께하기 위해서

그렇다면 그건, 어떤 훌륭한 과학자가 삼차원을 알아내고 그 생각을 지키기 위해 끊임없이 노력했기 때문이겠죠.

이제 당신이 찾으려던 증거가 있어요. 우주의 새로운 형태를 연구하고 싶어하는 과학자들도 있고요.

- 저들은 운명을 바꾸기 위해 어떤 일을 했을까요? 평면 나라는 삼차원을 이해한 걸까요?
- 그렇다면 그건, 어떤 훌륭한 과학자가 3차원을 알아내고 그 생각을 지키기 위해 끊임없이 노력했기 때문이겠지요.
- 우리가 알아낸 것들을 사람들이 믿게 만드는 건 쉬운 일이 아니에요. 그렇죠. 하지만 우리가 진실을 탐구하는 것은 다른 사람과 함께하기 위해서잖아요.

– 준비됐나요? 돌아가서 평면 나라에 대해 우리가 알고 있던 것들을 완전히 새로 써야 해요. 많은 우주가 있지만, 어디에서도 이게 내가 할 일일 거예요.

헥스와 펑토는, 비록 지금의 사람들이 알아주지 않더라도, 힘을 합쳐 수학과 우주 연구를 계속하기로 한다. 언젠가는 세상이 그들의 연구를 이해할 수 있는 때가 올 것이기 때문이다.

5 영화에서 만나는 수학 · 과학

5-1. 삼각형의 내각의 합

<스피어랜드>의 기본 소재 중 하나는 중학교 수학에서 배우는 삼각형의 세 내각의 크기의 합은 180 ° 라는 사실이다. 이 성질은 여러 가지 방법으로 증명된다.

그림 (i)에서는 세 각을 실제로 모아 일직선이 되도록 만들려면 조심스럽게 붙여야 한다. 마찬가지로 (ii)와 (iii)에서는, 변 AB의 중점과 변 AC의 중점을 연결한 직선이 변 BC에 평행한 직선이 되는데, 이것을 증명해야 한다. 더욱이 꼭짓점 A를 지나고 밑변 BC와 평행인 직선이 단 하나만 존재한다는 '평행선 공준'이 필요하다. 삼각형의 내각의 합을 증명할 때 사용한 평행선 공준은 수학의 발전에 큰 역할을 했으며, 수학사에서 가장 유명한 명제 중 하나가 되었다.

<table>
<tr><td colspan="3">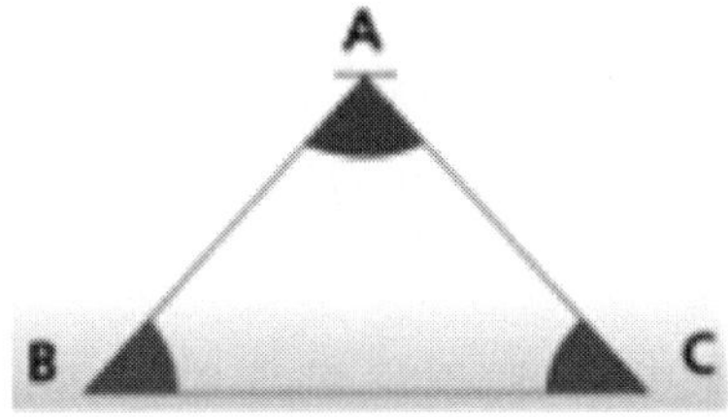</td></tr>
<tr><td>(i) 세 각을 이어 붙이면 일직선 위에 모이는데, 일직선의 평각이 180 ° 이다.</td><td>(ii) 밑변 BC에 평행인 점선을 축으로 삼각형을 접어, 세 각을 일직선에 모은다.</td><td>(iii) (ii)와 마찬가지로, A를 지나며 BC에 평행한 선을 기준으로 세 각을 모은다.</td></tr>
<tr><td>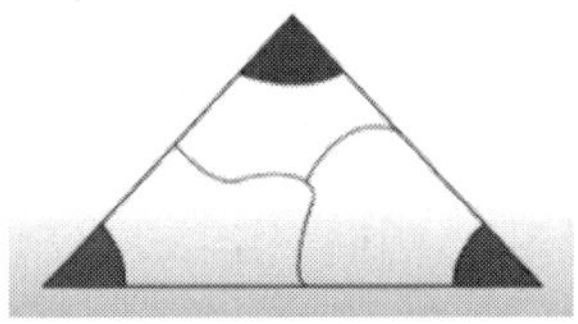</td><td>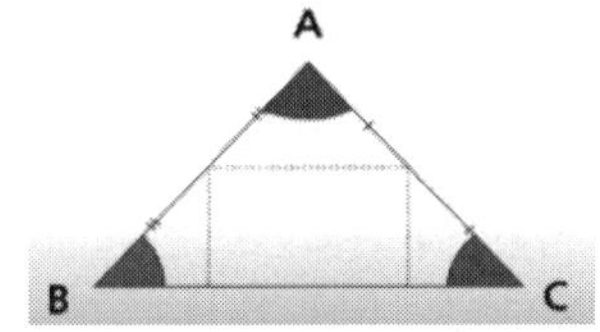</td><td>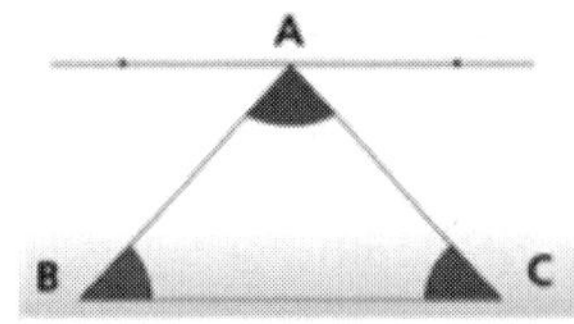</td></tr>
<tr><td>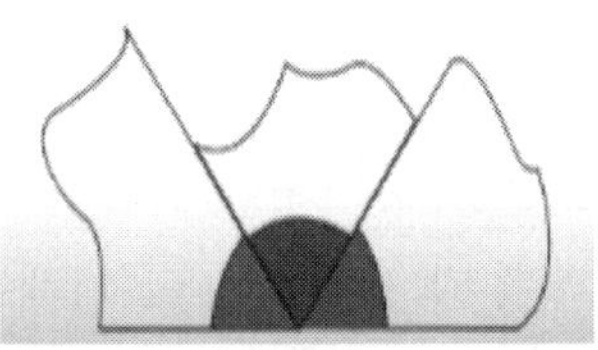</td><td>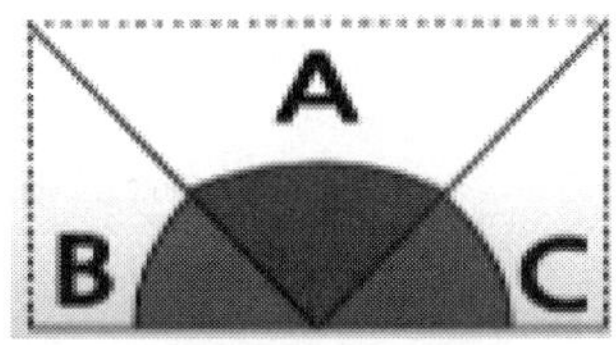</td><td>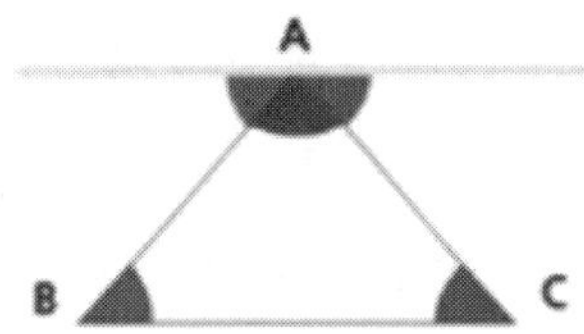</td></tr>
</table>

5-2. 평행선 공준

내일 아침, 우리 태양계의 별과 다른 행성들이 수천 년만에 처음으로 정확하게 직선으로 배열되게 돼요.

시간 맞춰 우주선을 발사하면 거기에 평행으로 지나가면서 모든 천체들을 적당한 거리에서 관찰할 수는 있는 거죠.

비유클리드 기하를 이해하려면 우선 유클리드 기하가 필요한데, 영화 <아고라>에서도 읽을 수 있다. 유클리드 기하는 다섯 가지 공준(postulate)을 기반으로 만들어졌다.

(i) 하나의 점과 다른 한 점을 연결하는 직선은 단 하나뿐이다.
(ii) 하나의 선분은 연속적으로 얼마든지 연장할 수 있다.
(iii) 하나의 점을 중심으로 하고 임의의 길이를 반지름으로 하는 원을 그릴 수 있다.
(iv) 모든 직각은 서로 같다.
(v) 두 직선이 한 직선과 만날 때, 같은 쪽에 있는 내각의 합이 180° 보다 작으면 이 두 직선을 연장할 때 180° 보다 작은 내각을 이루는 쪽에서 반드시 만난다. (평행선 공준)

유클리드 <원론>을 기반으로 평면기하학이 발전되었고, 이것이 초중고등학교 수학에서 배우는 기하학이다. 특별히 다섯 번째 평행선 공준을 사용하여 삼각형 내각의 합이 180° 임이 증명된다. 2000년 동안 유클리드의 공리는 어떤 정리도 유도해 낼 수 있을 만큼 명백한 것으로 간주 되었으므로, 기하학을 말할 때 굳이 '유클리드'라는 수식어가 필요하지 않았다.

그러나 시간이 지나면서 유클리드가 제시한 공준에 의문점을 갖는 수학자들이 하나 둘 나오기 시작했다. 공준 (i)~(iv)는 자와 컴퍼스를 이용해 경험적으로 이해될 수 있지만, 평행선 공준(v)는 다소 직관적이지 못하다. 평행선 공준을 알아보자.

- 평행선: 평면 위에 직선 l과 그 직선 밖의 한 점 Q가 있다. 그러면 점 Q를 지나며 직선 l과 절대로 만나지 않는 직선이 '단 하나'가 존재한다. 그 직선을 직선 l의 평행선이라고 한다.

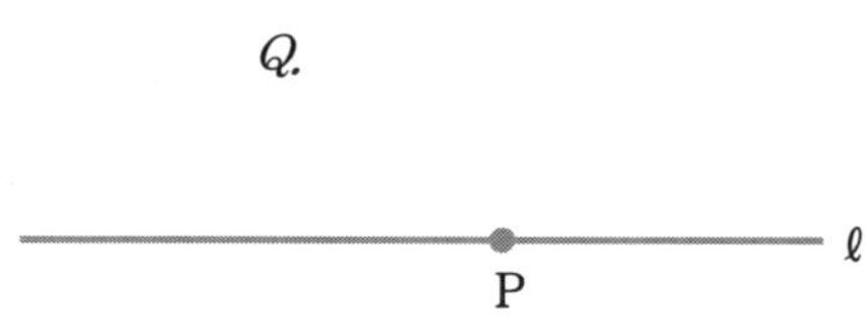

공준 (i)~(iv)를 사용하여 평행선 공준을 유도해 낼 수 있다고 추측하는 수학자

들이 생겨났다. 그들 중에 1700년도에 사케리, 가우스, 로바쳅스키, 보여이 야노시, 리만 등이 있는데, 이들의 연구가 바로 비유클리드 기하라는 새로운 학문 분야를 탄생시켰다.

사케리(G. Saccheri, 이탈리아, 1667~1733)는 평행선 공준을 증명하기 위해 평행선 공준을 부정하는 가정을 했다. 만일 평행선 공준이 맞다면 어딘가에서 모순이 나와야 했다. 그는 좋은 결과를 얻었음에도 불구하고 평행선 공준의 모순되는 점을 찾아내지 못했다.

벨트라미(E. Beltrami, 이탈리아, 1835~1899)는 평행선 공준은 증명될 수도 없으며, 반대 상황을 가정해도 모순이 없다는 것이 밝혔다.

평면 위에 한 직선과 이 직선 밖에 점이 있을 때, 이 점을 지나고 주어진 직선에 평행한 직선이 "유일"하게 존재한다.	평행선 공준의 부정 ⇔	평면 위에 한 직선과 이 직선 밖에 점이 있을 때, 이 점을 지나고 주어진 직선에 평행한 직선이 '없거나 두 개 이상'이 존재한다.

가우스(C.F. Gauss, 독일, 1777~1855)는 1813년경에 평행선 공준을 부분 부정하여, 여러 개의 평행선을 그릴 수 있는 경우를 가정했다. 가우스는 이러한 가정 위에서도 전혀 모순이 없는 기하학이 만들어진다는 것을 확인했지만, 자신의 연구결과를 발표하지는 않았다.

그 후, 1830년경에 야노시(Bolyai János, 헝가리, 1802~1860)와 로바체프스키(N.I. Lobachevskii, 러시아, 1792~1856)가 평행선 공준을 도입하지 않은 새로운 기하학을 독립적으로 연구하여 발표했다. 이것이 오늘날 비유클리드 기하학, 쌍곡기하학이라고 불리는 분야이다.

리만(B. Riemann, 1826~1866)은 가우스의 제자인데, 1854년에 곡률의 개념을 도입해 기하학을 분류했다.

- (유클리드 기하학) 평행선 공준이 성립하는 공간은 곡률이 0인 공간
- (구면기하학 또는 타원기하학) 평행선 공준을 가정하지 않고, 곡률이 1이면 구면처럼 평행선이 없는 공간

• 평행선 공준을 가정하지 않고, 곡률이 −1이면 평행선이 무수히 많은 공간

그러므로 평행선 공준이 성립되지 않는다면, 평행선을 사용해서 증명된 성질인 '삼각형 내각의 합은 180°'라는 성질이 사실이 아닐 수도 있다. 바로 이것이 영화에서 펑토가 발견한 이상한 삼각형이다.

5-3. 비유클리드 기하(non-Euclidean geometry)

비유클리드 기하는 유클리드 기하에서 평행선 공준을 부정하여 만든 기하학이다. 그러므로 비유클리드 기하에서는, 한 직선 l과 이 직선 밖에 있는 한 점 Q가 주어졌을 때, 점 Q를 지나고 직선 l과 평행한 직선이 여러 개 있거나 아예 없는 경우도 생각할 수 있다.

우리가 살고 있는 지구와 같은 구면을 생각해 보자. 이러한 3차원 공간에서는 유클리드의 평행선 공준이 성립하지 않아서 한 점을 지나 주어진 직선과 평행한 직선은 존재하지 않는다. 이런 기하에서는 다음이 성립한다.

• 서로 다른 두 직선은 두 점에서 만난다.
• 삼각형 내각의 합이 항상 180° 보다 크고 540° 보다 작다.
• 같은 구면 위에는 합동을 제외한 닮음은 존재하지 않는다.
• 곡률이 양인 공간에서 성립하는 기하학이다.

이런 현상이 생기는 기하학을 타원기하학(또는 구면기하, 리만기하)이라고 부른다. 이 경우가 바로 영화에서 펑토가 발견한 – 내각의 합이 180° 보다 큰 삼각형이 된다.

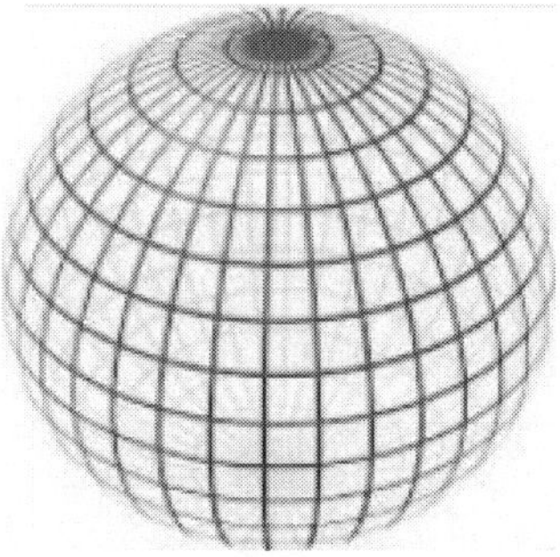

구면(sphere)

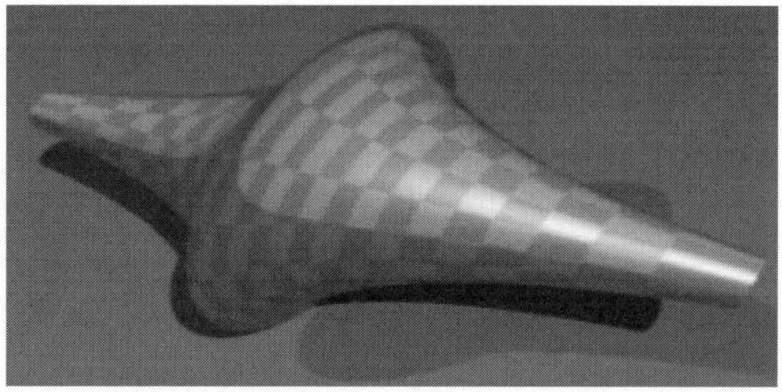

의구면(pseudosphere)
('의구'는'구'와 비슷하다는 뜻)

한편 나팔 두 개가 맞붙어있는 것과 같은 곡면을 생각해 보자. 이때는 유클리드의 평행성 공준이 성립하지 않는데, 주어진 직선과 직선 밖의 한 점을 지나며 그 직선에 평행한 직선은 적어도 두 개 이상 존재한다. 이것도 비유클리드 기하학의 한 종류인 쌍곡기하학(또는 로바체프스키기하)이다. 쌍곡면 위에서 삼각형을 그려보면 공간 자체가 안으로 굽은 공간이기 때문에 삼각형 자체도 안으로 굽은 오목한 삼각형이 그려진다. 따라서 삼각형의 세 내각의 크기가 모두 작아지게 되어 그 합이 180°보다 더 작게 된다. 그리고 삼각형의 크기가 커질수록 삼각형의 변도 안으로 더 많이 휘어지므로 내각의 크기의 합이 점점 작아진다.

공간을 설명하는 데에 있어서 유클리드 기하학은 2000년 동안 절대적인 진리로 여겨졌던 수학 모델이었기 때문에, 인간의 사고 역시 유클리드 공간 내에서만 사고하는 데에 그쳤다. 비유클리드 기하학과 공간의 성질에 대한 이해가 점진적으로 이루어지면서 유클리드 기하학의 관점은 크게 흔들리게 되었고, 논리와 산술에서 논쟁의 주제로 남게 되었다. 오늘날에는 자기모순이 없는 비유클리드 기하학이 여러 종류 알려져 있다. 오랫동안 논란이 되었던 평행선 공준이 비유클리드 기하학의 무모순성으로 인해 결국 해결된 것이다. 새로운 기하학이 발표된 지 약 60년 뒤, 아인슈타인(A. Einstein, 1879~1955)은 우주가 평평하지 않고 중력에 의해서 휘어 있음을 보였다. 그리고 일반상대성이론은 공간에 대한 기초 이론을 비유클리드 기하학에서 찾았다. 영화 <아인슈타인과 에딩턴>을 읽자.

6 영화 밖 이야기

어 뭐냐. 다른 행성들과 시에르핀스키 소행성대,
이중성인 우리 태양들을 지나 항해하려면

시에르핀스키 소행성대에 들어가서 소행성하고 충돌할 수도 있고

시에르핀스키를 말하기 전에 그것의 첫 단계인 칸토어 집합부터 차례로 알아보자.

6-1. 칸토어의 먼지

칸토어(G. Gantor, 1845~1918)는 집합론을 만든 수학자이다. 그는 무한집합을 설명하기 위하여 다음과 같이 길이가 1인 선분을 3등분 하여 가운데 선분을 버리는 작업을 반복하였다.

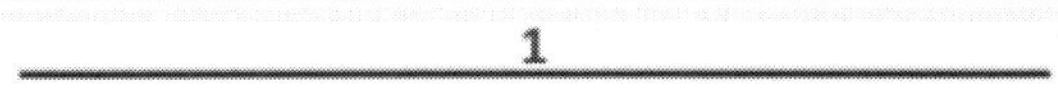 	(ⅰ) 단위 구간 [0,1]에서 시작한다.
 	(ⅱ) [0,1]을 3등분하여 중간 부분 $(\frac{1}{3},\frac{2}{3})$을 제거한다.
 	(ⅲ) 남은 두 폐구간 $[0,\frac{1}{3}]$과 $[\frac{2}{3},1]$을 각각 다시 3등분하여 중간 부분을 제거한다.
 	(ⅳ) 남은 4개의 폐구간을 각각 3등분하여 중간부분을 제거한다.
	(ⅴ) 위와 같은 작업을 반복한다.

이 과정을 무한히 반복하여 만들어지는 도형을 칸토어 먼지(또는 칸토어 집합)이라 부른다. 단계가 올라갈수록 남은 구간이 먼지처럼 보일 듯 말 듯 할 정도로 작아지기 때문에 먼지(dust)라고 부른다. 결과적으로 집합에서 점의 개수는 무한하지만, 남아있는 선분 길이의 합은 0임을 증명하였다. 이러한 작업을 평면도형 4각형을 사용하여 할 수도 있다.

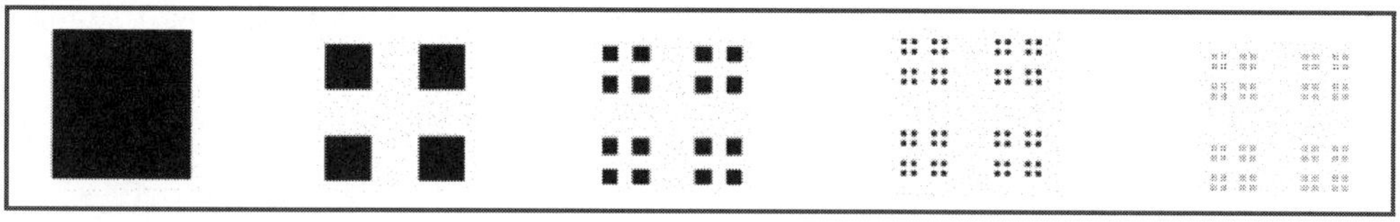

6-2. 코흐 곡선

코흐(N.F.H. von Koch, 스웨덴, 1870~1924)가 1904년에 만든 곡선이다.

	(i) 임의의 선분을 하나 택한다.
	(ii) 길이의 1/3지점에 해당하는 부분에서 그 1/3 길이를 한변으로 하는 정삼각형을 만들고 밑변에 해당하는 부분을 없앤다.
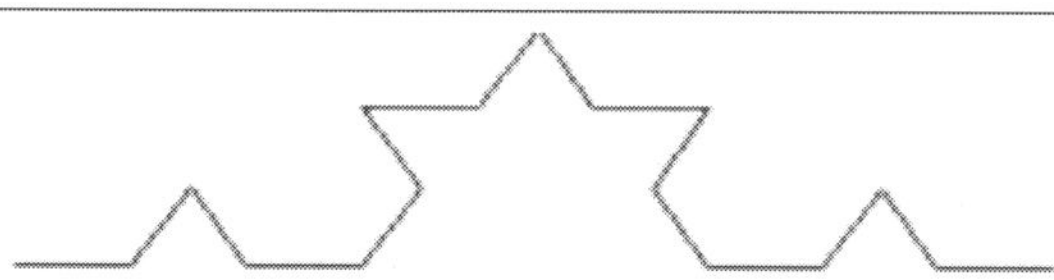	(iii) 위 단계 곡선에 4개의 선분이 있는데, 각각의 선분에 (ii)의 작업을 반복한다.
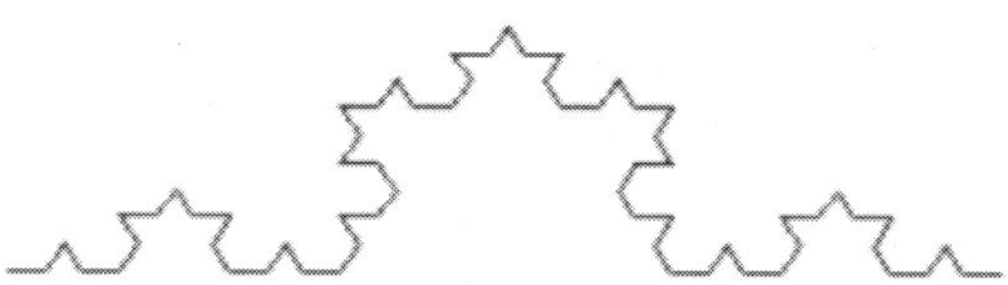	(iv) 위 단계 곡선에 16개의 선분이 있는데, 각각의 선분에 (ii)의 작업을 계속 반복한다.

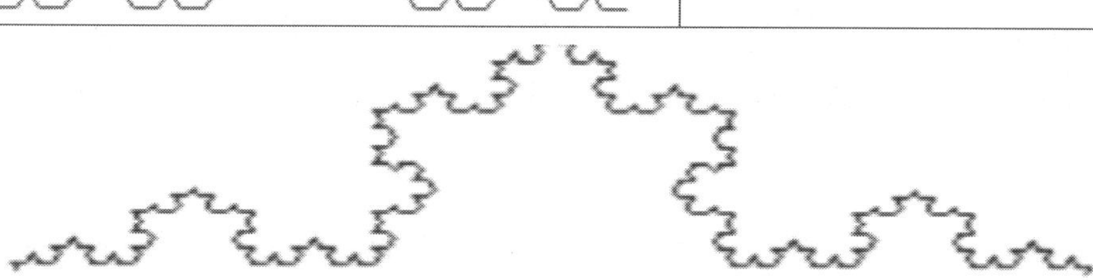

6-3 코흐 눈송이

프랙탈 모형 중 유명한 형태로서 정삼각형을 사용하여 만든 눈송이 곡선도 있다. 코흐의 눈송이 곡선은 넓이는 유한하면서도 둘레의 길이는 무한함을 알 수 있다.

정삼각형 1개	각 변의 $\frac{1}{3}$ 지점에, 그 $\frac{1}{3}$ 길이를 한 변으로 하는 정삼각형을 만들고 밑변에 해당하는 부분을 없앤다. 이런 과정을 계속 반복한다.		
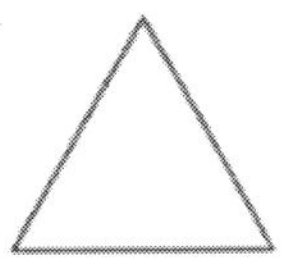	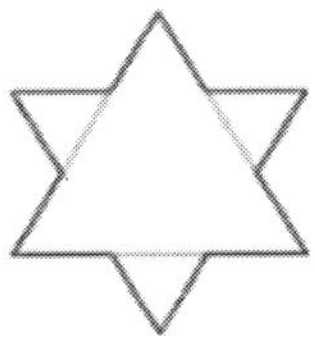		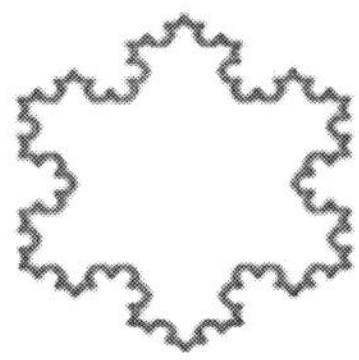

6-4. 시에르핀스키 가스켓

시에르핀스키(W. Sierpinsk, 폴란드, 1882~1969)는 칸토어 곡선을 2차원 평면으로 확장하여 시에르핀스키 가스켓(Gasket)을 만들었다. 여기서 가스켓은 틈새를 메우는 물건을 말하는데, 주로 시에르핀스키 삼각형을 지칭한다. 정삼각형을 네 개의 정삼각형으로 등분하여 가운데 있는 정삼각형을 버리는 작업을 반복하여 얻어진 도형이다. 가스켓의 넓이도 0이다.

정삼각형 1개	정삼각형 세변의 중점을 연결하여 만들어진 삼각형 중에서 가운데 삼각형을 제거한다. 이런 과정을 계속 반복한다.			
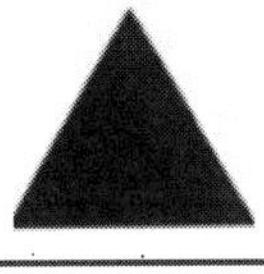	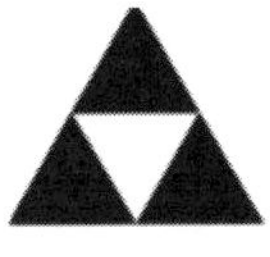			

이와 똑같은 작업을 정사각형으로부터 출발하여 시에르핀스키 카펫을 만들 수 있다.

정사각형 1개	사각형 각 변의 중점을 연결하여 만들어지는 사각형 중에서 가운데 사각형을 제거한다. 이런 과정을 계속 반복한다.			
				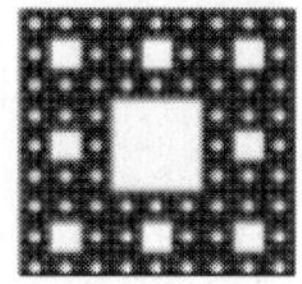

6-5. 멩거 스펀지

더 나아가 3차원 정육면체로부터 멩거(K. Menger, 오스트리아, 1902~1985)의 이름을 딴 멩거 스펀지(Sponge)도 만든다. 정육면체를 27의 작은 정육면체로 나누고 중앙의 정육면체와 함께 처음 정육면체의 각 면의 중앙에 있는 정육면체를 빼내는 작업을 반복한다. 멩거 스펀지 역시 겉넓이는 무한이지만 부피는 0이다.

정육면체 1개	정육면체의 각 변을 3등분하여, 중간의 정육면체를 없앤다. 이런 과정을 계속 반복한다.			
	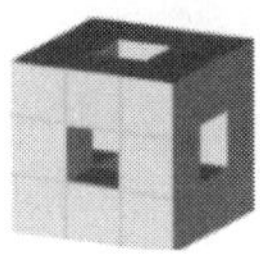			

생각해 보기

1. 사차원은 무엇일까?

스퀘어는 3차원이 되기 위해 가로축과 세로축 이외에 어떤 것 더 필요하냐고 묻는다.

'혹시 밝기인가요?'
'아니요. 높이가 필요합니다.'
'높이가 뭐예요?'

결국 2차원 평면에서 경험될 수 없는 '높이'라는 개념이 있어야 3차원이 된다.

1-1. 사차원은 무엇일까?

가로, 세로, 높이의 세 축으로 설명되는 3차원 공간 안에 살고 있는 우리는 4차원이 되기 위해 필요한 한 가지 축이 무엇일까를 질문한다. 그럴 때 공상 소설에서 나오듯이 막연하게 '시간축'이라고 말하기도 한다. 사람이 경험할 수 없는 4차원인지도 모른다. 영화에서 말했듯이, 논리와 직관과 그리고 수학을 사용하여 차원을 볼 수 있다. 4차원에 대한 자신의 생각을 쓰시오.

1-2. 클라인 병(Klein bottle)

사람이 경험할 수 없는 4차원을 모형화한 것 중의 하나로서 클라인 병(Klein bottle)이 있다. 클라인(F. Klein, 독일, 1849~1925)는 수학의 서로 다른 동떨어진 분야로 성장해 온 군론(group theory)과 기하학을 하나로 연결해 낸 위대한 수학자 중 한 명이다. 특히 클라인은 수학교육에서도 큰 역할을 했다. 클라인 병은 1882년에 클라인이 발견했다.

원래는 클라인 곡면(Kleinsche Fläche)이라고 불렀지만, 지금은 클라인 병(Kleinsche Flasche)라고 불린다. 독일어 Fläche이 Flasche로 잘못 해석된 탓이라고 한다. 수학의 한 분야인 토폴로지(Topology, 위상수학)에서 Klein 병은 방향을 바꿀 수 없는 표면의 예인데, 다음은 클라인 병을 쉽게 설명하는 그림이며 제일 아래 그림이 완성된 모형이다.

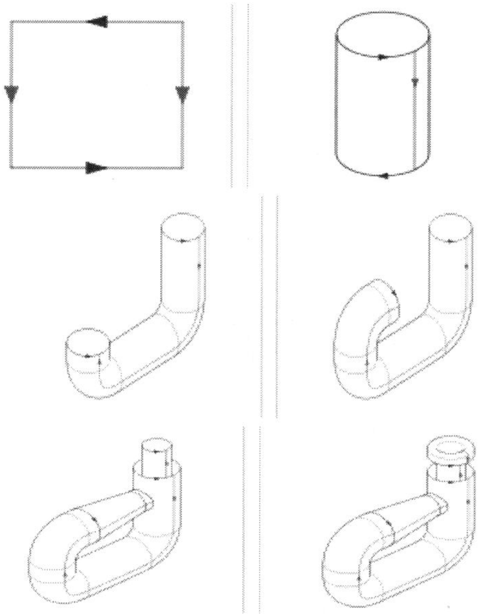

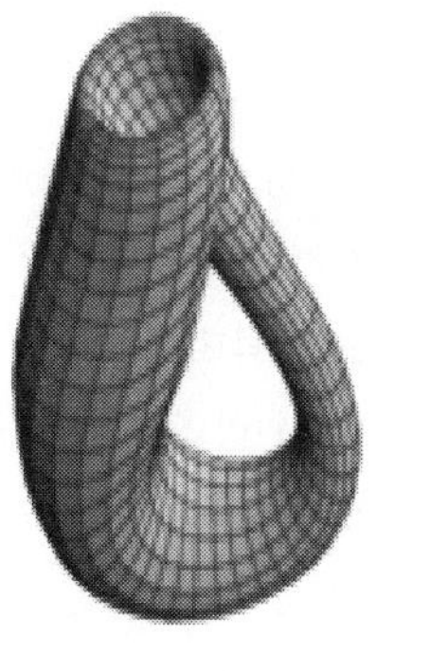

이것은 클라인 병을 3차원에서 표현하려고 단순화시킨 것인데, 병의 목이 병 아래의 주둥이로 가는 과정에서 둥그렇게 구멍을 파고 병의 몸통과 만나고 있다. 중간에 구멍을 뚫어낼 때

만 가능한 그림이다. 이는 3차원에 있는 우리가 이해할 수 있도록 만든 모델이어서 클라인 병을 완벽히 구현한 것은 아니다. 실제로 클라인 병이 말하는 것은 이러한 구멍이 없이 구성된다. 4차원에서는 병의 목이 병 아래의 주둥이로 가는 과정에서 병의 몸통과 만나지 않는다. 4차원에선 구현 가능하지만 3차원에선 표현되지 못한다. 더욱이 클라인 병을 둘로 잘 쪼개면 뫼비우스의 띠가 된다. 뫼비우스의 띠처럼 안과 밖이 구분되지 않는다는 4차원의 도형이다. 뫼비우스의 띠를 조사하시오.

1-3. 5차원

영화 〈인터스텔라〉도 차원을 소재로 한다. 이 영화에서는 5차원을 말하면서, 4차원의 구성요소에 한가지 추가되는 요소로서 '중력'을 말한다. 중력을 조사하시오.

1-4. n차원, 무한차원

수학에서는 4차원, 5차원은 물론, 임의의 n차원도 다루며 심지어 무한차원도 연구한다. 그것이 물리적으로 현실에 어떻게 나타나는지는 밝혀지지 않았다 하더라도 우리의 사고로 n차원은 물론 무한차원을 설명할 수 있다. 이러한 차원에 대해 생각해 보시오.

제 3 장

세상 어디에나 수학 · 과학

어메이징 메리
(Gifted)

공부 좀 못해도 좋아. 행복하게 살면 돼

1 영화 소개(2017)

톰 플린(T. Flynn)의 각본으로 제작되었다. 영화에 나오는 수학은 미국 위스콘신대학 수학교수 엘린버그(Jordan Ellenberg, 1971~)가 협력했는데, 그는 영화 마지막 부분에서 라마누잔의 분할함수를 강의하는 교수로 카메오 출연했다.

어메이징 메리

출연

- **매케나 그레이스(M. Grace): 메리 역**
  영화 당시 10살이었으며, 〈캡틴 마블〉, 〈뱀파이어 다이어리〉, 〈지정생존자〉 등에 출연했다.

- **크리스 에반스(C. Evans): 프랭크 역**
  〈캡틴 아메리카: 윈터 솔저〉, 〈어벤져스: 에이지 오브 울트론; 인피니티 워; 엔드게임〉 등에 출연했다.

2 제목 소개

우리나라에서는 어메이징 메리(Amazing Mary)라는 제목으로 개봉했지만, 원제목은 'Gifted'이다. Gifted는 신이 내린 재능, 타고난 천재라는 뜻인데, 주인공인 메리에게 그런 재능이 있으니까 우리의 눈에는 놀라운(amazing) 능력의 메리가 되기는 하겠다.

3 영화 줄거리

초등학교 입학 때가 된 메리는 선박 수리 일을 하는 삼촌 프랭크와 둘이 산다. 그동안 삼촌으로부터 홈스쿨링을 해 온 메리는 학교 가기 싫어한다. 학교 첫날부터 그녀의 천재적 능력을 본 선생님들은 영재학교로 보내려 한다. 여기에 더해서 메리를 수학의 대가로 만들기 원하는 메리의 할머니는 양육권을 얻기 위한 법정 투쟁을 한다. 천재의 천재적 능력을 더욱 길러야 한다는 주변 사람들과는 달리, 삼촌은 메리가 조금은 더 평범하고 더 많은 친구를 사귀면서 행복하게 살기를 바란다.

4 영화 장면

4-1. 영화 시작 - 오늘은 새로운 친구들을 만날 거야.

제발 날 보내지 마세요.
계속 집에서 배울래요.

오늘은 새로운 친구들을 만날 거야.

메리는 학교에 가기 싫어하지만, 삼촌은 메리를 억지로 학교에 보낸다.

- 가야 해. 또래 친구를 만나야 해. 사교성이 부족해서 걱정이야.

4-2. 당신 딸이 영재인 거 같아요

제 생각엔 당신 딸인 …
메리가 영재인 거 같아요.

135 x 57은 뭐지?
그것의 제곱근은 …

메리의 학교 첫날. 여느 초등학교 1학년 교실에서처럼 반 아이들은 1+1, 2+2를 배우는데, 메리는 지겹기만 하다. 초등학교 1학년이지만 암산으로 제곱근까지 척척 해 낸다. 메리는 학교생활에 적응하지 못하고, 선생님은 메리의 영재성을 한눈에 알아본다. '당신 딸이 영재인 거 같아요.'라는 선생님의 말에, 그러나 프랭크 삼촌은 좋아하기는커녕 애써 부인한다.

4-3. 유명 수학자 자살

다이앤 애들러,
수학자

명백한 자살의 유명한 수학자의 죽음

메리의 놀라운 능력을 본 선생님이 메리 부모에 대한 정보를 인터넷으로 찾아다가, 메리 엄마의 사망 소식을 본다.

- 수학에 대한 마음: 나비에-스토크스 방정식 해결을 앞두고 사라진 여성

4-4. 너는 그녀의 재능을 썩히고 있어

메리야, 네가 수학을 좋아한다고 알고 있단다.

넌 그녀의 재능을 썩히고 있어.

메리가 태어나기도 전부터 인연을 끊고 살던 할머니가 갑자기 나타난다. 자신의 딸이었던 다이앤이 수학의 대가가 되도록 끊임없이 내몰았었는데, 어느 날 다이앤이 임신을 하자 딸을 떠나 버린 것이다. 그런데 손녀딸인 메리가 수학 천재라는 소식을 듣고, 메리 엄마가 못다 한 수학 연구를 이어서 받게 하려는 목적이다.

4-5. 위대함의 대가를 모르고 있구나

위대함의 대가를 모르고 있구나

메리의 최선이 무엇일지 생각해 봐

메리를 평범하게 기르고 싶은 삼촌과 다이앤에게서 이루지 못한 목표를 메리가 완성하도록 지원하려는 할머니는 첨예하기 부딪친다.

– 나와 너에 대해 생각하지 말고 메리의 최선이 무엇일지 생각해 봐.

결국 그들은 메리의 양육권을 위해 치열한 법정 공방을 하다가, 마침내 메리는 위탁가정으로 가게 된다. 삼촌과 떨어지기 싫어서 메리를 울부짖는다.

4-6. 영화 엔딩 - 대학에서 고급수학을, 초등학교에서 친구 관계를

- 그는 4(mod5)의 모든 수가 이와 같이 합동인 걸 증명했다.

영화의 마지막은 메리가 대학교 강의를 들으러 다니는 장면이 나온다. 그와 동시에 초등학교 1학년을 다닌다. 천재로서 수학 연구도 중요하지만, 또래 친구와의 성장 과정이 중요한 것이다.

5 영화에서 만나는 수학·과학

5-1. 트라첸버그 암산법

오늘 수학시간에 말도 안되는 대답을 했어요.

그건 트라젠버그 암산법이에요.

1+1, 2+2과 같이 쉬운 연산을 배우는 초등학교 1학년 수학 교실. 갑자기 135×57은 물론, 제곱근이 나온다. 놀란 선생님이 삼촌에게 말하자 그것은 야곱 트

라젠버그가 나치 수용소에 있는 7년 동안 개발한 암산법인데, 계산기가 보편화되면서 그 유용성이 없어졌다고 말한다.

트라첸버그(J. Trachtenberg, 1888~1953)는 최우등으로 학교를 졸업한 후 러시아의 한 무기 공장의 수석 엔지니어로 일했다. 유대인인 그는 제2차 세계대전 중에 나치 수용소에 수감되었는데, 그곳에서 책이나 노트, 연필도 없이 오직 머릿속에서 숫자 논리를 떠올리며 암산 계산법을 개발했다. 전쟁 후 스위스 취리히에 수학학교를 설립하여 누구나 놀라운 계산능력을 발휘할 수 있는 '스피드 계산법'- 트라첸버그 방법을 강의했다. 실제 교육학자들도 이 계산법이 연산계산 시간을 80% 단축시킨다고 말한다.

5-2. 밀레니엄 문제들 - 7가지 위대하고 의미 있는 난제들

밀레니엄 문제(Millennium Prize Problems)는 미국의 클레이 수학연구소(Clay Mathematics Institute, CMI)가 2000년에 발표한 7가지 문제를 말한다. 21세기 인류 사회에 가장 크게 공헌할 수 있지만 아직까지 미해결 수학 문제로서, 누군가 반드시 풀어내기를 기다린다는 것이다. 오랫동안 풀리지 않은 중요한 문제인 만큼, 클레이 연구소는 문제를 최초로 해결하는 사람에게는 100만 달러(약 12억 원)의 상금을 수여한다고 하였다. 만일 어떤 한 사람이 이 모든 문제를 해결한다면 700만 달러를 받을 수 있겠지만 그런 일이 발생할 가능성은 아주 낮아 보인다. 밀레니엄 7가지 문제는 수학에서도 서로 다른 분야의 문제들이기 때문이다.

이것들은 밀레니엄 문제들이란다.

일곱 가지의 위대하고 의미 있는 난제들이지

2000년도를 시작하는 시점에 클레이 수학연구소가 제시한 '밀레니엄 문제'는, 꼭 100년 전인 1900년에 20세기를 시작하면서 당대 최고의 수학자였던 힐베르트(D. Hilbert, 1862~1943)가 20세기 수학 발전에 꼭 필요하다면서 23개의 문제를 제시했던 사건과 마찬가지이다. 7개의 밀레니엄 문제 중에 잘 알려진 두 개 정도만 알아보자.

(1) 푸앵카레 추측(Poincare Conjecture)

푸앵카레(J.H. Poincaré, 프랑스 1854~1912)가 1904년에 제시한 위상수학의 한 명제이다. 위상기하학에서 2차원 구면은 단일 연결이라는 근본적인 특징을 가지고 있는데, 3차원 표면에서도 구에 대해서 그러한 사실이 성립하는지에 대한 문제이다. 구체적으로 어떤 하나의 닫힌 3차원 공간에서 모든 폐곡선이 수축되어 하나의 점이 될 수 있다면, 이 공간은 반드시 원구로 변형될 수 있다는 것이다. '3차원 공간에서 닫힌 곡선(폐곡선)이 하나의 점으로 모일 수 있다면, 그 공간은 구(球)로 변형될 수 있다.' 2002년 페렐만(G. Perelman, 러시아, 1966~)이 3차원인 경우에 증명하여 발표했다. 국제수학연맹(IMU)이 3년간이나 검증 기간을 거쳐 페렐만의 증명이 옳은 것으로 인정했다. 밀레니엄 문제 중에서 최초로 해결된 문제가 되었다. 이 공적으로 페렐만은 2006년 필즈상에 선정되었으나 그는 수상을 거부했다. 필즈상과 상금 10억 원을 모두 거부한 것이다. 2010년에 밀레니엄 상에도 선정되었으나, 이것 역시 거부하였다.

(2) 리만 가설(Riemann Hypothesis)

7가지 밀레니엄 문제 중에서, 그나마 대중적으로 알려진 문제이다. 리만(B. Riemann, 독일, 1826~1866)이 세운 가설로서 '리만 제타함수 $\zeta(s)=0$을 만족하는 모든 자명하지 않은 근의 실수부는 $\frac{1}{2}$이다'는 것이다. 이것은 1900년에 힐베르트가 제시한 23개 문제와 밀레니엄 7개 문제에 공통으로 포함되는 유일한 문제이다. 리만가설은 정수론과 광범위한 관련이 있고, 특히 소수의 분포와도 관련이 있다. 소수들

$$2,3,5,7,11,13,17,19,23,29,31,37,41,\cdots,12345701,12345709,12345713,\cdots$$

은 지속적으로 무한히 많이 나오는데, 그 나오는 패턴은 알려지지 않았다. 리만은 오일러의 함수를 변형하여 소수 분포를 설명할 수 있는 입체적인 그래프를 만들었는데, 놀랍게도 이 그래프에서 리만이 계산한 4개의 근이 복소평면 위에서 모두 일직선상에 있었다. 그 후 '다른 근 역시 모두 일직선상에 있는 것 아닌가'라는 추측이 리만 가설의 대략적 설명이다. 리만은 이 문제를 상당한 많이 연구했다고 하는데, 리만 사후에 그의 연구자료가 분실되면서 오늘날까지 풀리지 않은 문제로 남게 된 것이다. 리만 가설에 대해 영화 <무한대를 본 남자>와 <프루프>를 함께 읽자. 리만 가설은 영화 <이상한 나라의 수학자>에서도 볼 수 있다.

그 외의 밀레니엄 문제들에는 (iii) P-NP 문제, (iv) 양-밀스 질량 간극 가설 (Yang-Mills Existence and Mass gap), (v) 버치-스위너턴다이어 추측(Birch and Swinnerton-Dyer Conjecture), (vi) 호지 추측(Hodge Conjecture), (vii) 나비에-스토크스 존재성과 매끄러움(Navier-Stroke Equations)이 있는데, 사실 문제의 뜻조차 알기 쉽지 않다.

나비에-스토크스 문제
이것은 네 어머니의 문제였다.

아마도 물리학의 의미를 고려했을 때 노벨상을 줬을 거야.

영화에서 메리의 엄마는 나비에-스토크스 문제를 풀고 있었다고 한다. 그 문제를 풀어냈다면 밀레니엄상과 그 상금은 물론 수학에서 필즈상도 받았을 것이라고 한다. 또한 유체역학과 같은 물리학적 의미를 고려하여 노벨물리학상도 받았을 것이

라고 한다. 영화 마지막 장면에서는 메리의 엄마가 나비에-스토크스 문제를 완벽히 해결했던 것처럼 묘사되지만, 실제로는 아직 풀리지 않은 미해결 문제로 남아있다.

5-3. 메리의 칠판 문제

– 박사님. 이 문제가 좀 …
– 알아.

써진대로 그냥 정확히 옮겨 적어

메리의 수학 천재성을 확인하기 위해 MIT 섄클랜드 교수의 테스트를 받는다. 메리가 도착하기 전에 교수는 시험문제 쪽지를 조교에게 건네주고 칠판에 미리 적어놓도록 한다. 칠판에 문제를 쓰던 조교는 문제가 잘못된 것을 눈치챈다.

- 섄클랜드 박사님. 이 문제가 …
- 알고 있어요, 그 종이에 쓰인 그대로 옮겨 적으세요. 그대로 정확히 쓰면 돼요.

메리는 칠판의 문제를 보고 나서 문제를 풀려고 하지도 않고 서 있었다. 메리가 문제를 풀지 못하는 것으로 생각한 교수는 얼마 후에 메리를 그대로 내보낸다. 다시 할머니 손에 이끌려서 강의실로 돌아온 메리는, 문제를 풀기 전에 우선 수학 문제를 수정한다.

- 음수 부호 넣기
- 절댓값 기호 넣기

칠판에 적힌 문제(왼쪽)를 메리가 오른쪽 그림처럼 수정했고, 멋지게 문제를 풀어낸다.

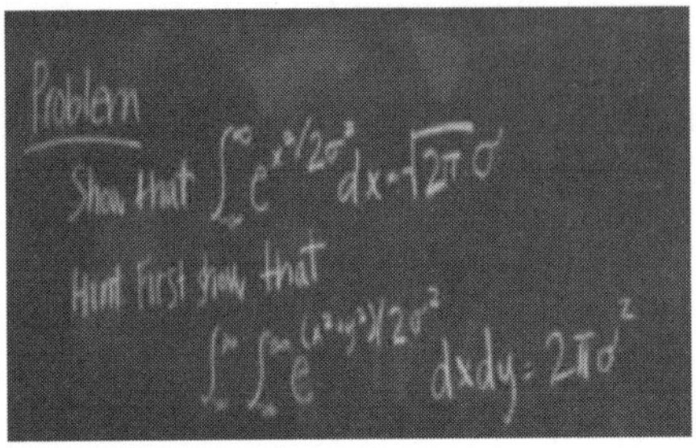

(i) 음수 부호

만일 $e^{\frac{x^2}{2\sigma^2}}$ 처럼 지수에 음수 부호가 없다면 메리가 적분해야 하는 함수는 아래 왼쪽과 같다. 그러면 $-\infty$ 부터 ∞ 까지를 적분하면 그 값이 무한이 될 수밖에 없다. 그런데 음수 기호를 넣은 식 $e^{-\frac{x^2}{2\sigma^2}}$ 의 그래프는 아래 오른쪽과 같다. 그러므로 모든 실수축에서 적분을 하면 그 값이 유한의 값으로 수렴함을 알 수 있다.

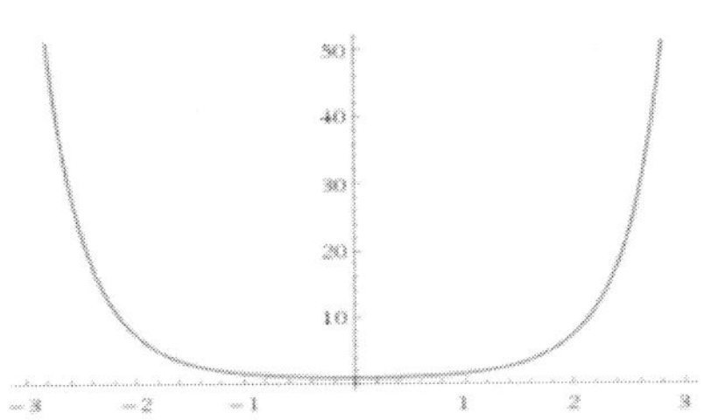	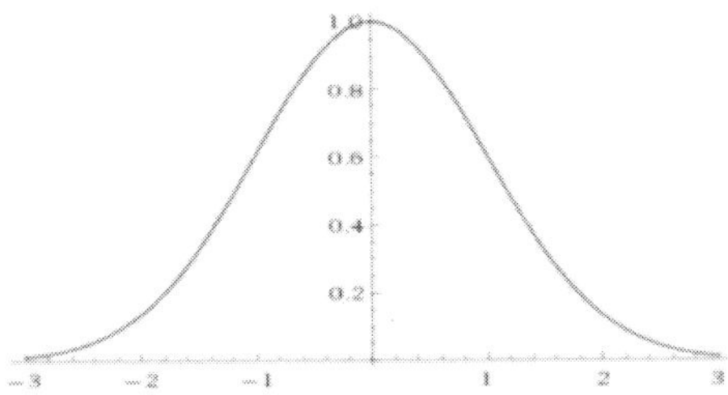
$e^{\frac{x^2}{2\sigma^2}}$ $(\sigma = 1$, 구간 $[-3,3]$ 에서)	$e^{-\frac{x^2}{2\sigma^2}}$ $(\sigma = 1$, 구간 $[-3,3]$ 에서)

- 교수: 이건 작은 문제(little problem) 인데, 계속 보고만 있구나.
- 메리: 작다고요? 이건 커요.

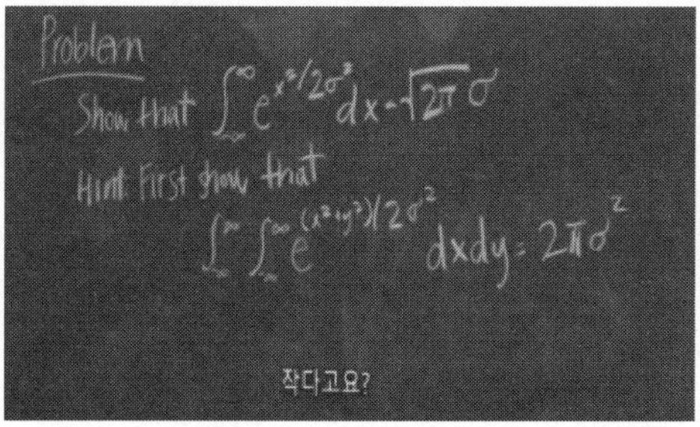

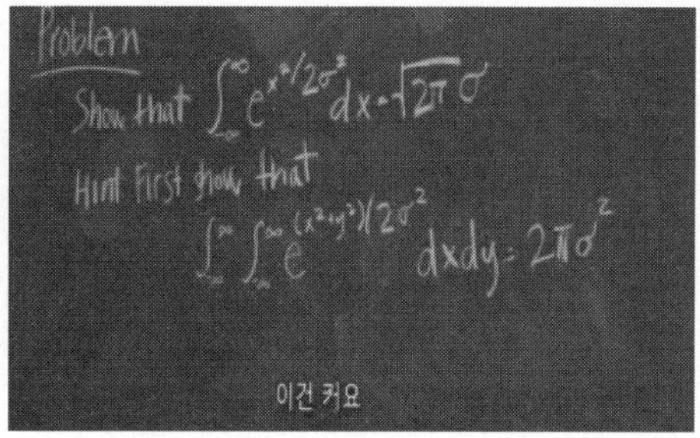

교수가 말한 '작은' 문제라는 것은 '쉬운' 문제라는 뜻이고, 메리가 말한 '크다'는 것은 그 답이 '무한'이라는 의미이다.

(ii) σ의 절대값 기호

$\sqrt{2\pi\sigma^2} = \sqrt{2\pi}\,|\sigma|$ 이므로, 메리는 정확한 위치에 절댓값 기호를 넣었다. $\sigma > 0$라는 말을 하지 않았기 때문이다.

5-4. 라마누잔의 분할수 합동식(Ramanujan's partition congruences)

P(N)을 계산할 때 N은 4(mod 5)와 합동이 된다.

이것을 처음으로 인식한 사람은 라마누잔이었다.

영화에서 라마누잔을 강의하는 배우가 바로 영화 <어메이징 메리>의 수학 컨설팅을 해 준 엘린버그(J. Ellenberg, 1971~)교수 이다. 인도 수학자 라마누잔과 분할수는 영화 <무한대를 본 남자>에서 읽을 수 있다. 분할수(partition)는 자연수 n을 여러 자연수의 합으로 나타내는 방법의 수를 말하며 기호 $p(n)$으로 나타낸다. (단, 더하는 순서는 고려하지 않는다.) 그러므로

$$p(3)=3,\ p(4)=5,\ p(5)=7$$

이다. 실제로 정수 $n=3$일 때 이것을 분할 하는 방법은

$$3=2+1=1+1+1$$

과 같이 3가지 경우가 있으므로 $p(3)=3$이다. 또한 정수 $n=4$일 때, 그 분할은

$$4 = 3+1 = 2+2 = 2+1+1 = 1+1+1+1$$

이므로 5가지 경우, 즉 $p(4)=5$이다. 마찬가지로 5의 분할 방법은

$$5=4+1=3+1+1=2+2+1=2+1+1+1=1+1+1+1+1=3+2$$

와 같이 7가지, 즉 $p(5)=7$이다. 그러면 6의 분할 방법은 몇 개일까?

이러한 생각을 임의의 정수 n이 주어졌을 때, $p(n)$을 찾는 것이 분할수 문제이다. 영화 <무한대를 본 남자>에서는 수학자 맥마흔 소령(P.C. MacMahon, 1854~1929)이 $p(50)$을 계산했는데, 그는 몇 주에 걸쳐서 $50=1+49=1+1+48=\cdots$ 와 같이 일일이 다 적어가면서 계산하여, $p(50)=204{,}226$ 이십만사천이백이십육을 알아냈다. 그러나 $p(n)$에 대한 라마누잔의 발견은 너무나 획기적이어서 하디(G. Hardy, 1877~1947)와 같은 최고의 수학자도 놀라지 않을 수 없는 발견이었다.

6 영화 밖 이야기

6-1. 은둔의 수학자 페렐만

저건 그레고리 페렐만이란다.

그는 푸앵카레 추측을 증명했어.

그리고리 페렐만(G. Perelman, 러시아, 1966~)은 리만 기하학과 기하학적 위상수학 분야를 연구하면서, 밀레니엄 7개 문제 중의 하나인 푸앵카레 추측을 해결했다.

페렐만은 1982년 레닌그라드 고등학생 때 소련 대표로 국제수학올림피아드(IMO)에 출전해 만점으로 금메달을 땄다. 영화 <네이든>에서 IMO를 읽을 수 있다. 1990년에 레닌그라드 대학에서 박사 학위를 받았고, 그 후 미국의 여러 대학을 방문하여 연구했다. 1995년 스탠퍼드 대학교와 프린스턴 대학교 등 미국 최고의 대학들로부터 교수직 제안을 받았으나 모두 거절하고 다시 러시아로 돌아갔다. 1994년에 리만 다양체에 대한 추측을 증명하였고, 이 공로로 1996년 유럽 수학회에서 수여하는 상을 받았지만, 수상식에 참석을 거부하였다. 2002년에는 3차원 다양체의 기하 추측 및 푸앵카레 추측에 대한 일련의 논문을 발표하였다. 특히 푸앵카레 추측에 관한 논문은 세계적 전문가들이 오랜 시간 검증하여 완벽한 증명이라는 결정을 받았다. 2010년에 클레이 수학연구소는 페렐만에게 100만 달러 수여를 발표했으나, 그는 이 상금도 거절했다. 2006년에는 필즈상 수상자로 선정되었으나, 수상식 참석을 거부하였다. 그의 결심을 되돌리기 위해 IMU 회장이 러시아까지 직접 찾아갔지만, 페렐만은 만남조차 거부했다. 또한 2011년에는 러시아 최고의 영예인 과학 아카데미 정회원으로 추대되었으나, 이 역시 거부했다. 그는 '나의 증명이 확실한 것으로 판명됐으면 그만이며 더 이상 다른 인정은 필요 없다'라면서 상금에도 명예에도 관심이 없는 모습을 보였다. 자신의 어머니와 산책을 즐기며 산다고 하는데, 사람들이 그를 은둔의 수학자라고 부르는 이유이다.

6-2. 클레이 수학연구소

클레이 수학연구소(Clay Mathematics Institute, CMI)는 1998년에 미국의 부호 클레이(L.T. Clay, 1926~2017)와 하버드대학 수학자 재피(A. Jaffe, 1937~)가 설립한 사설 비영리 재단이다. 클레이는 펀드 회사의 간부이자 회장을 역임한 사업가인데, 과학에 기초한 벤처 펀딩에 관심을 쏟았다. 그는 과학 분야에 지원도 많이 했지만, 미래를 위해서는 무엇보다 수학의 발전에 아낌없는 지원을 해야 한다고 했다.

클레이 수학연구소는 수학지식을 확장 시키고 널리 전하는 것을 목적으로 한다.

- 수학의 영역에서 나온 새로운 발견에 대해 수학자들과 다른 과학자들을 교육하는 것
- 수학에 뛰어난 재능을 타고난 아이들이 수학 관련 진로로 나아가게 장려하는 것
- 수학 연구에서 나온 비범한 성과물이나 진보에 대해서 인정하는 것

클레이 수학연구소는 그 활동의 하나로 오랫동안 풀리지 않은 중요한 기본 문제 7개를 선정하여 2000년에 밀레니엄 문제로 발표했으며 100만 달러(우리나라 약 12억 원)씩의 상금을 내걸었다. 밀레니엄 문제 이외에도, 연구원들에게 상을 수여하는 방법으로 수학을 지원하고 있으며 단기 연구자들을 위한 강좌, 독립적인 연구, 책 서술 등의 지원을 하는 활동을 통해서 수학자들 양성에 도움을 주고 있다.

생각해 보기

- 그녀의 천재성은 1억 명 중에 한 명이에요.
- 전 평범하지 않은 책임감을 가져야 했습니다.

1. 만약 당신이 엄청나게 뛰어난 어떤 재능(수학 재능만 아니라)을 가지고 있다면 어떤 삶을 살고 싶은지 쓰시오.

2. 만약 당신의 자녀가 1억 명 중에 한 명쯤 나오는 엄청난 어떤 재능을 가지고 있다면, 부모로서 어떻게 하는 것이 옳다고 생각하는지 쓰시오.

3. 수학 문제를 증명하고 난 후 칠판에 쓴 Q.E.D.가 무엇인지 조사하시오.

4. 영화에서 나오는 데카르트가 누구인가, 그의 저서 방법서설을 조사하시오. 또한 그가 말한 '나는 생각한다. 고로 존재한다.'를 조사하시오.

방법서설이야
르네 데카르트가 썼지.

나는 생각한다. 고로 존재한다.

5. 필즈 메달에 대해 조사하시오.

페르마의 밀실
(Fermat's Room)
골드바흐 추측 _ 풀어야 산다

1 영화 소개(2007)

피에드라이타(L. Piedrahita)와 소페나(R. Sopeña)의 공동 각본인 스페인 영화로서 원 제목은 La habitación de Fermat이며, 미스터리 스릴러로 분류된다. 우리나라에서는 부천국제판타스틱영화제에서 상영되었다. 2012년에 극장에서 개봉한다고 소개되었으나, 상영되지는 않았다.

페르마의 밀실

출연

- 루피(F. Luppi): 페르마 역
- 밀란(S. Millán): 파스칼 역
- 발레스터로스(E. Ballesteros): 올리바 역
- 사우라스 (A. Sauras): 갈루아 역
- 호마르(L. Homar): 힐베르트 역

2 제목 소개

페르마(P.de Fermat, 프랑스, 1607~1665)는 '페르마의 마지막 정리(Fermat's Last Theorem)'로 대중적으로 잘 알려진 수학자이며 원래는 법 정치인이었다. 제목으로 볼 때 페르마가 큰 역할을 할 것처럼 보이지만, 영화에서는 비중 있는 모습으로 그려지지 않는다.

소수가 뭔지 알아?

소수를 모른다면 여기 있을 필요가 없지

이 영화는 '페르마'라고 읽고 '골드바흐'(C. Goldbach, 프러시아, 1690~1764)라고 알아듣는다는 말이 있을 정도로, 오히려 골드바흐의 추측이 중요한 단서로 나온다. 1742년에 제시된 가설인데 소수(prime)에 관한 것으로, 280년이 지난 오늘날까지 풀리지 않은 채 남아있는 수학의 난제 중 하나이다.

3 영화 줄거리

전대미문의 문제를 풀기 위해 초대한다는 편지가 발송되었다. 발신인이 페르마로 되어있는 편지를 받고 4명의 수학자가 페르마의 밀실(room)에 모인다. 그런데 전화를 통해 수수께끼와 같은 수학 문제가 계속 주어지고 그것을 1분 이내에 풀지 못하면 밀실이 점점 작아진다. 영문도 모른 채 죽음으로 내몰린 그들은 압사당하지 않으려고 전화로 배달되는 문제에 필사적으로 매달린다. 그들이 이곳에 초대되어 죽음으로 몰리게 된 이유를 알고자, 각자의 과거를 돌아보면서 퍼즐을 맞추어간다.

귀하께서 다음 문제의 정답을 내신다면

이번 주말에 있을 천재 수학자들의 모임에 초대받게 되십니다.

4 영화 장면

4-1. 영화 시작 - 1742년 수학자 골드바흐는

1742년, 수학자인 크리스찬 골드바흐는

짝수는 두 개 소수를 합한 숫자란 걸 알아냈어

영화는 한 청년이 멋진 여성들에게 소수와 골드바흐 추측에 대해 알려주는 것으로 시작한다.

- 작은 수로 보면 쉽지. 훨씬 큰 숫자도 가능해.
- 그러나 모든 짝수를 다 체크 할 수는 없어.
- 숫자는 무한대니까. 그래서 법칙이 있어야 하는데
- 그걸 찾는 게 수학 역사상 가장 어려운 난제 중 하나야.

청년은 자신이 이 문제를 증명해 냈으며, 곧 발표할 것이라고 한다. 그 후, 누군가의 침입으로 난장판이 된 방을 보면서 몹시 화를 내는 장면이 이어진다.

4-2. 전대미문의 난제를 시작해볼까요?

가장 천재적이고 전대미문의 난제의 세계로 오신 걸 알아주십시오.

모임 도중 쓰실 익명은 …

초대장을 받은 4명의 수학자는 각각 갈루아(E. Galois, 프랑스, 1811~1832), 힐베르트(D. Hilbert, 독일, 1862~1943), 파스칼(B. Pascal, 프랑스, 1623~1662), 그리고 올리바 사부코(O. Sabuco, 스페인, 1562~1646)라는 별칭을 받는다. 어느 호숫가에 모인 이들은 피타고라스(Pythagoras, 그리스, 기원전 570~495년경)라는 이름의 작은 배를 타고 외딴 고성으로 이동하여, 페르마(P. Fermat, 프랑스, 1607~1665)의 방에 모인다. 이 방의 주인으로 알려진 페르마도 가명인데, 그들은 훌륭한 저녁 만찬을 먹은 후,

- 자 이제 전대미문의 난제를 시작해볼까요?

라는 말을 함과 동시에, 페르마는 전화 한 통을 받고 그 자리를 뜬다.

4-3. 내 골드바흐 가설의 증명은 정확했어.

골드바흐 가설 증명에 5년을 보냈어요.

난 골드바흐 가설의 해답을 찾아서 35년을 보냈는데...

청년 갈루아는 골드바흐 가설을 증명하느라 5년을 보냈다고 했는데, 영화 첫 장면에서 골드바흐 가설을 설명하면서 여러 여성의 관심을 받던 사람이었다. 그런데

힐베르트는 골드바흐 가설의 해답을 찾아서 35년을 보냈다고 했다. 거의 정확하게 해결했다고 확신하고 있던 차에, 어떤 젊은 수학자가 골드바흐의 가설을 해결했다는 뉴스 기사를 보게 되었다.

- 단 몇 가지 것만 확인하면 됐었는데 …
- 나보다 열흘 전에 어린애 한 명이 선수 친 거야.

그 어린애가 바로 갈루아였다.

4-4. 방이 줄어들고 있어

벽이 움직여 방이 줄어들고 있어

문제 푸는데 1분 이상 걸리면

문제 풀이의 시간이 1분을 넘기면 방의 크기가 계속 줄어든다. 줄어드는 방을 막으려고 이것저것 해 보지만, 속수무책이다. 방은 점점 옥죄어오고 전등도 고장이 나려는지 깜빡거리는 상황에 처한다.

- 이런 이젠 불도 없겠네.

4-5. 파스칼은 29세에 죽었는데 그게 내 나이야.

올리바 사부코가 그 나이에 죽었어.

에바리스테 갈루아는 22세에 죽었어

문제 풀이로 지쳐가고, 점점 압축되는 방에서 큰 두려움을 느낀다. 더욱이 각자에게 주어진 이름의 수학자들이 사망한 나이가, 바로 지금 그들의 나이인 것을 알게 되면서 죽음의 공포에 휩싸인다.

4-6. 영화 엔딩 - 세상은 그대로야.

힐베르트가 이와 같은 범행을 계획했음을 알게 된 나머지 3명은, 힐베르트를 때려 눕히고 탈출을 계획한다. 힐베르트를 제외한 사람들은 20~30대 나이에 사망했지만, 힐베르트는 80대에 죽었다는 사실로부터 어딘가에 분명히 탈출구가 있음을 확신한다.

최후에 나갈 방법을 알았던 게 분명해요.

저건 250년 동안 미제로 남은 답이라구요!

탈출에 성공한 그들은 힐베르트가 증명한 골드바흐 가설에 대한 논문을 가지고 피타고라스 배를 타고 되돌아간다. '그걸로 뭐 할 거야'라고 파스칼이 묻자 갈루아가 고민에 빠지고, 파스칼은 골드바흐의 추측의 증명 논문을 물속으로 던져 버린다. '이건 250년 동안 세상이 기다려 온 문제 풀이라고요' 갈루아가 놀라 화를 내자, 파스칼의 대답으로 영화는 끝난다.

- '세상은 그대로야.'

세상에는 증명이 있으나 없으나 같다는 것일까?

5 영화에서 만나는 수학

5-1. 다음 사람들의 공통점은

다음 사람들의 공통점이 뭐겠나?

게오르그 칸토르, 유타카 타니야마, 쿠르트 괴델

칸토어, 타니야먀, 괴델의 공통점이 무엇인지를 묻는다.

칸토어(G. Cantor, 독일, 1845~1918)는 집합론을 탄생시킨 수학자이다. 칸토어가 발표한 무한집합론은 모든 현대 수학의 기초가 되고 있지만, 그것을 발표했을 당시만 해도 그 내용이 너무 혁명적이어서 대부분의 수학자조차 이해하거나 받아들일 수 없는 것들이었다. 무한에 관한 그의 견해는 심각한 반대에 부딪쳤는 데, 주변의 많은 수학자는 칸토어가 연구한 무한집합론을 수학과 종교에 대한 중대한 도전으로 받아들이고 칸토어에게 공격을 퍼부었다. 그들은 칸토어의 집합론이 내포하고 있던 위험성을 본능적으로 인지하여 그 발전이 고전적인 수학 세계의 맑고 깨끗한 조화를 무너뜨리는 것은 아닌가하고 두려워한 나머지 그렇게까지 칸토어를 괴롭혔는지도 모른다. 크로네커(L. Kronecker, 1823~1891)는 칸토어의 논문을 방해함은 물론이고 그가 베를린대학으로 옮기려는 계획도 반대하였다. 더욱이 칸토어조차도 자신의 연구 결과에 당혹스러워 했으며, 이로 인해 정신적 어려움을 겪으면서 결국 정신병원을 오고 가는 신세가 되었다. 영화 <무한을 본 남자>도 함께 읽자.

타니야마(Y. Taniyama, 일본, 1927~1958)는 페르마의 마지막 정리가 해결되는 데 결정적인 역할을 하는 주요 정리를 증명했다. 젊은 나이에 큰 성과를 올린 후 크게 주목받는 상황에서, 그는 '미래에 대한 자신감을 잃어버렸다.'라는 유서를 남기고 자살했다. 또한 괴델은(K. Godel, 오스트리아, 미국, 1906~1978)은 불과 24살 때 '참이지만 증명할 수 없는 수론의 명제가 있을 수 있다.'는 불완전성 정리를 증명했다. 극도의 내성적인 성격과 건강염려증으로 인해 부인이 해 주는 식사 이외에는 입에 대지 않다가, 부인이 입원해 있는 동안 굶어 죽었다. 괴델과 타니야마는 영화 <옥스퍼드 살인>도 함께 읽자.

5-2. 양치기가 배를 타고 건너는데, 양 한 마리, 늑대 한 마리, 양배추 하나

어느 양치기가 배를 타고 강을 건너는데

양 한 마리, 늑대 한 마리, 양배추 한 개가 있었네.

양치기 한 명이 양 한 마리, 늑대 한 마리, 양배추 하나를 들고 강을 건너려고 한다. 양과 늑대를 남겨두면 늑대가 양을 잡아먹고, 양과 양배추를 남겨두면 양이 양배추를 먹는다. 양치기는 한 번에 하나만 가지고 강을 건널 수 있는데, 전부 다 무사히 가려면 어떻게 해야 할까?

강 건너기는 아주 잘 알려진 문제이다. 양치기가 양을 데리고 건넌 뒤 양만 두고 돌아온다. 양배추를 싣고 건넌 뒤 양과 양배추를 바꾸고 돌아온다. 늑대를 싣고 건넌 뒤 늑대만 두고 돌아온다. 마지막으로 양치기와 양이 같이 건너면 모두 건너게 된다. 그런데 파스칼이 묻는다.

- 왜 양치기가 늑대를 데려가는데요?

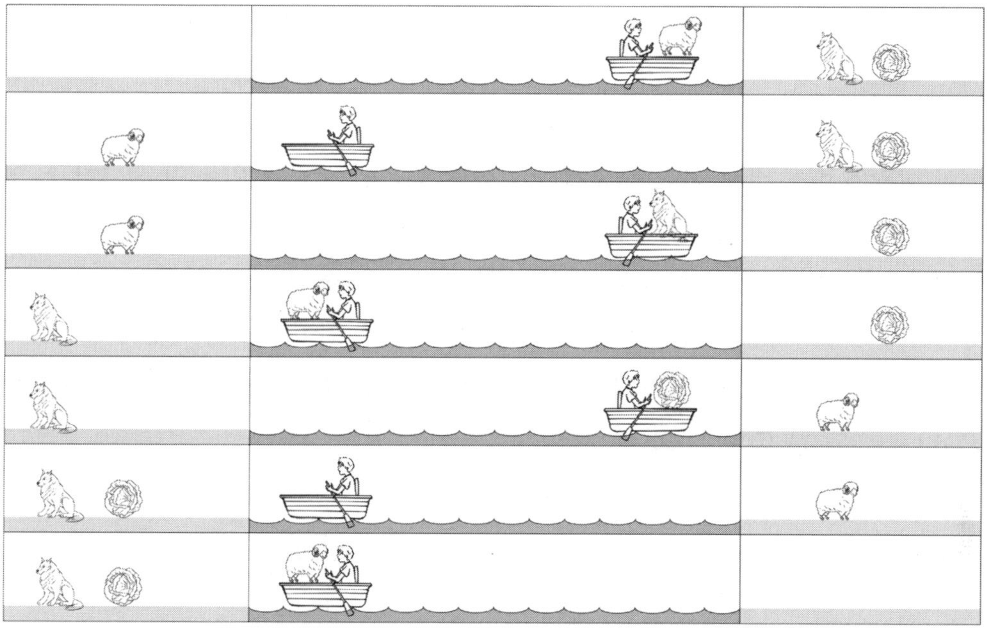

5-3. 72%의 사람이 벨트를 맨 채로 죽었다는 거군요

고속도로에서 사망한 28%의 사람들이 …

그 말은 72%의 사람들이 …

- 경찰: 고속도로에서 사망한 28%의 사람들이 선생님처럼 안전벨트를 안 매서 사망했다는 걸 아십니까?
- 페르마: 그 말은 72%의 사람이 안전벨트를 맨 채로 죽었다는 거군요.

경찰과 페르마의 대화는 고속도로에서 자동차 사고로 사망한 사람 중에서 안전벨트를 맨 사람의 비율이 72%라고 말하고 있다. 그렇다면 안전벨트를 매는 것이 더 위험한 것 아닌가? 안전벨트를 맸을 때 자동차 사고로 사망할 확률로 생각하는 것은 조건부확률을 잘못 이해한 것이다. 조건부확률은 그 특성상 의미를 오해하기 쉽기 때문에 자칫 잘못 받아들여서 통계의 함정에 걸리기도 한다. 두 조건부확률 $P(A|B)$와 $P(B|A)$가 서로 다르기 때문에 오해가 발생하는 것이다.

이 상황에서는 '전체 운전자 중에서 안전벨트를 맨 사람의 비율'이 필요하다. 예를 들어서 고속도로에서 전체 운전자 중에서 95%가 안전벨트를 매고 나머지 5%는 안전벨트를 매지 않았다고 하자. 또한 운전자 1만 명 중 1명꼴로 자동차 사고로 사망한다고 가정하자. A는 운전자가 안전벨트를 매는 사건이며, B는 운전자가 자동차 사고로 사망하는 사건이라고 하자. 위의 상황은 $P(A|B)=0.72$이며, 가정으로부터 $P(A)=0.95$, $P(B)=0.0001$이다.

조건부확률은 베이즈 정리 $P(A|B)=\dfrac{P(A\cap B)}{P(B)}=\dfrac{P(B|A)P(A)}{P(B)}$
(여기서 $P(B)>0$)로 계산할 수 있는데,

- 안전벨트를 맸을 때 자동차 사고로 사망할 확률:

$$P(B|A)=\frac{P(A\cap B)}{P(A)}=\frac{P(A|B)P(B)}{P(A)}=\frac{0.72\times 0.0001}{0.95}=0.000075$$

그러므로 $\dfrac{1}{0.000075}\approx 13333$ 로부터, 약 13,500명당 1명꼴이 된다.

- 안전벨트를 매지 않았을 때 자동차 사고로 사망할 확률:

$$P(B|A^C) = \frac{P(A^C \cap B)}{P(A^C)} = \frac{P(A^C|B)P(B)}{P(A^C)} = \frac{0.28 \times 0.0001}{0.05} = 0.00056$$

그러므로 $\frac{1}{0.00056} \approx 1785$ 로부터, 약 1,785명당 1명꼴이 된다.

따라서 (예상했듯이) 안전벨트를 매지 않은 경우에 자동차 사고로 사망할 확률이 안전벨트를 맸을 때보다 거의 10배 정도 큰 것을 알 수 있다.

고속도로에서 안전벨트를 안 매고 사망한 28%과 안전벨트를 착용하고 사망한 72%를 단순 비교하려면, 고속도로에서 안전벨트의 착용자와 미착용자의 수가 거의 비슷할 때에만 가능하다. 그러나 실제로 고속도로에서는 거의 대부분의 사람이 안전벨트를 착용한다.

위의 문제해결은 조건부확률의 베이즈 정리를 사용하지 않고 수학 논리적 사고만으로도 충분히 해결할 수 있다. 만일 일정 기간동안 고속도로에서 안전벨트의 착용자가 10,000명, 미착용자가 100명이라 하고 해 보자. 이때 사망한 사람이 25명이라 해 보자. 안전벨트 착용 사망 비율이 72%이므로, 사망자 수는

$$25 \times 0.72 = 18\text{명}$$

인데, 이것은 안전벨트를 착용한 10,000명 중 0.0018%이다.

한편 미착용 사망 비율이 28%이므로, 사망자 수는

$$25 \times 0.28 = 7\text{명}$$

인데, 이것은 안전벨트를 착용하지 않은 100명 중 0.07%이다.

따라서 안전벨트 미착용자는 착용자보다 40배 정도로 사고 사망의 위험성이 높다.

5-4. 이 방이 엘리베이터만 해지겠군요

이 방은 사면이 50미터이고

각 면을 1분당 10센티씩 좁혀오면

- 방 둘레의 길이가 50미터인데, 분당 10센티미터 속도로 각 면이 압축되면,
- 한 시간 안에 이 방은 엘리베이터만 해지겠죠.

실제로 방의 둘레가 5,000cm이므로, 정사각형의 방이라고 할 때, 각 변은 $5000 \div 4 = 1250\,\text{cm}$이다. 각 면을 분당 10cm씩 압축하면, 한 변의 길이는 20cm씩 줄어든다. 따라서 60분 후에 방은 한 변의 길이가 $1250 - 20 \cdot 60 = 50\,\text{cm}$가 된다. 보통의 엘리베이터 보다 훨씬 작은 크기가 될 것이다.

그렇다면 방이 완전히 압축되어 버리는 데 걸리는 시간은 얼마일까? 만일 x분 후라고 하면 방정식 $1250 - 20 \cdot x = 0$이다. 즉 $x = 62.5$분 후이면 방은 없어진다.

5-5. 전화 문제들

이 영화에서 전화로 제시되는 수학 문제는 사탕 상자의 이름을 맞추는 문제를 포함하여 9개 정도 있다. 수학 문제라기보다는 수리 논리적 사고를 필요로 하는 내용인데, 이 책에서는 생략하고자 한다.

6 영화 밖 이야기

6-1. 골드바흐 추측(Goldbach's conjecture)

1742년 6월에, 골드바흐(C. Goldbach, 1690~1764)는 오일러(L. Euler, 1707~1783)에게 편지를 보내 수학 문제를 추측하여 문의했다.

(i) 모든 짝수는 두 소수의 합으로 나타낼 수 있다.

편지를 받은 오일러는 이 문제를 조금 더 발전시켜 다음과 같은 추측을 답장으로 보냈다.

(ii) 모든 양의 정수는 최대 세 개의 소수의 합으로 나타낼 수 있다.

훗날 오일러는 명제(i)을 골드바흐의 추측이라고 불렀고, 덕분에 평범한 수학자였던 골드바흐의 이름은 수학사에서 불멸이 됐다.

모든 짝수는 두 소수의 합으로 나타낼 수 있다.

$$4=2+2,\quad 6=3+3,\quad 8=3+5,\ 10=3+7=5+5,\ 12=5+7,$$
$$14=7+7=3+11,\quad 16=3+13,\quad 30=7+23,\quad 32=5+29,\ \cdots$$

280년이 되어가는 골드바흐의 명제는 수많은 천재 수학자들의 도전에도 불구하고 여전히 난제로 남아있다. 완전히 해결되지 못했지만, 의미 있는 발견들이 이어져 왔다.

- 4보다 큰 모든 짝수는 20개보다 적은 개수의 소수들의 합으로 표현된다(슈니렐만 L. Schnirelmann, 러시아, 1930).

• 그 후 숫자 20을 점차 줄여, 6까지 줄였다(1995). 즉 4 이상의 모든 짝수는 여섯 개보다 적은 개수의 소수들의 합으로 표현된다(라마레 O. Ramaré, 프랑스, 1995).

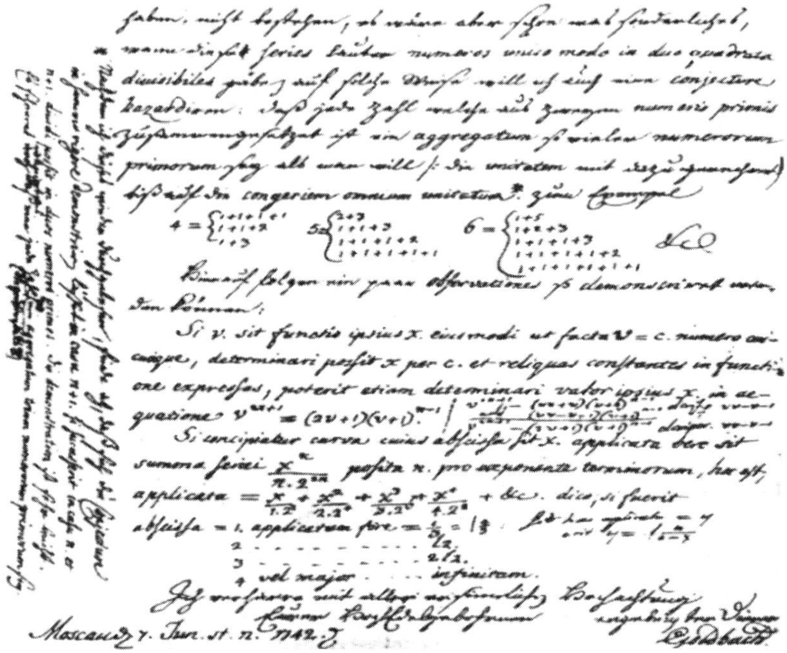

1742년에 골드바흐가 오일러에게 보낸 편지 원본

• 컴퓨터를 사용한 증명: 1998년에 슈퍼컴퓨터를 이용하여 $4 \cdot 10^{14}$ (400조)까지 성립함을 보였다. 그러나 이것은 수학적 증명은 아니다.

• 확률적 증명: 두 소수의 합으로 표현되지 않는 짝수 n의 개수를 $A(n)$이라 하면, $\lim_{n\to\infty}\frac{A(n)}{n} = 0$ 이다. 다시 말해서 골드바흐의 추측이 거짓일 확률은 많아야 0%라는 것이다(비노그라도프 I. Vinogradov, 러시아, 1891~1983). 그러나 확률이 거의 0%라는 정도의 불분명성조차 용납되지 않는다.

6-2. 힐베르트, 페르마, 파스칼, 올리바

(1) 가명으로 등장한 수학자들 중에서 힐베르트는 페르마 밀실의 음모를 꾸민 사람으로 나온다.

❙ 무한 호텔에서 하룻밤을

힐베르트(D. Hilbert, 독일)는 괴팅겐 대학교 교수였으며, 당대 유럽을 포함한 세계 최고의 수학자로서 인정받았다. 그는 칸토어의 무한 개념을 지지하면서, 무한 호텔의 예를 들어서 무한을 설명했다. 객실이 무한개가 있어서 무한 호텔이라고 부르는 곳에 손님 한 사람이 투숙할 방을 요청했다. 객실이 무한개 있음에도 불구하고 방마다 투숙객들이 들어있었으므로 빈방을 내줄 수가 없었다.

- 안내인: 죄송합니다. 오늘 호텔은 만원입니다.

이때 똑똑한 지배인 힐베르트는 잠시 생각한 후에 말했다.

- 힐베르트: 손님 잠깐 기다리세요. 금세 방을 만들어 드리겠습니다.

그는 방송실로 뛰어가서 객실 방송을 했다.

- 힐베르트: 손님 여러분, 바로 옆방으로 한 칸씩만 이동해 주시기 바랍니다.

1 → 2	2 → 3	3 → 4	4 → 5	5 → 6	…

이해심 많은 투숙객은 모두 바로 옆방으로 옮겼으며 자기 방을 못 찾아 헤매는 사람은 아무도 없었다. 이제 제일 첫 번째 방인 1호실이 비게 되었다.

- 힐베르트: 자. 새로 오신 손님은 여기 1호실을 사용하십시오.

이것은 무한에 1을 더해도 여전히 무한임을 시사하는 좋은 예제이다. 이제는 새로 온 손님이 두 명이든지 세 명이든지 아무 어려움이 없다. 만약 손님 10명이 한꺼번에 오면 객실 방송을 통해 이렇게 방송한다(투숙객들이 모두 선한 사람이므로 …).

- 힐베르트: 손님 여러분, 지금 계신 방에서 10칸씩 이동해 주시기 바랍니다.

그러면 무한히 많은 단체 손님이 온 경우는 어떻게 할 수 있을까? 만약 '손님 지금 계신 방에서 무한히 많은 칸을 이동해 주세요.'라고 안내방송을 한다면, 투숙객들은 우왕좌왕할 것이 분명하다. "도대체 얼마나 이동해야지 무한히 많은 칸을 이동하게 되는 거야??!!" 이 때, 지혜로운 힐베르트는 어떻게 할 수 있을까?

- 힐베르트: 지금 계신 객실 번호에 2를 곱해서 그 번호의 객실로 이동해 주시기 바랍니다. 단체 손님들은 방 1, 3, 5, 7 … 번호 실을 사용하실 수 있습니다.

모든 투숙객이 2,4,6,8,…인 짝수 호실로 옮겼기 때문에, 1,3,5,7,… 홀수 호실이 비게 되는데, 홀수들은 모두 무한개이기 때문이다.

1 → 2	2 → 4	3 → 6	4 → 8	5 → 10	…

이 이야기는 힐베르트가 만든 예제로서, 유한집합과 무한집합의 근본적인 차이점을 쉽게 설명하는 보기로 자주 사용된다.

(2) 파스칼(B. Pascal, 프랑스)은 수학자이자 물리학자, 발명가, 작가, 그리고 신학자로 알려져 있다. 젊은 시절에 수학과 과학을 했으며 나이가 들어서는 철학과 신학에

집중하면서, 대표적인 저서 팡세를 발표했다(파스칼의 철학 및 신학에 관한 것은 다른 책에서 읽자.). 어려서부터 수학에 재능이 있어서, 12살 때 삼각형의 세 내각의 합이 180도라는 것을 스스로 알아냈고, 13살 때는 오늘날 잘 알려진 파스칼의 삼각형을 발견했다. 파스칼의 삼각형은 수학에서 이항계수를 삼각형 모양의 기하학적 형태로 배열한 것이다. 이것에 파스칼의 이름 붙여졌으나, 파스칼보다 수 세기 전에 이미 연구된 것이었다. 1261년경에 중국에서 알려졌으며, 11세기 초에 아랍의 천문학자이며 수학자인 카얌(O. Khayyam)도 알고 있었다. 이 삼각형들이 아마도 중국으로부터 시작해서 아랍을 거쳐 유럽으로 전해졌을 것이라고 여겨진다. 훨씬 늦은 1654년에 파스칼은 산술삼각형을 만들었고 그의 사후 1665년이 되어서 출판된 책에서 발견되었다. 그런데 파스칼의 이름이 사용되는 것은, 그가 이 삼각형을 사용하여 상당한 분량의 새로운 항등식을 발견하고 증명했기 때문이다. 파스칼은 영화 <Twenty one 21>을 함께 읽자.

(3) 올리바(Oliva Sabuco, 1562~1646)는 수학자라기보다는 의학 지식을 가진 철학자인데, 그녀에 대해 명확한 기록이 없는 것으로 보인다. 더욱이 영화에서는 26살에 죽었다고 했는데, 그것조차 불분명하다.

생각해 보기

1.

교통 통계에 의하면, 고속도로에서 규정 속도로 달리는 자동차들이 시속 150km로 달리는 자동차들보다 더 많은 사고를 일으킨다고 한다. 그렇다면, 빠른 속도로 달리는 것이 더 안전하다는 말인가? 자신의 생각을 쓰시오.

2.

위 1번 문제와 연관하여, 다음의 예제를 읽고 논리를 타당화하시오. 일정 기간 동안 차량 400만 대가 고속도로를 주행한다고 하자. 그 중 약 90% 차량이 규정 속도를 지킨다고 하자. 그러면 360만 대는 규정 속도로 운행이고 40만 대가 과속운전이다. 당연히 사고 건수로만 보면 360만 대에서 더 많이 벌어질 수 있다. 그러나 극단적으로 과속차량 100%가 사고 난다면 40만 건의 사고가 된다. 반면 규정 속도 내 운전 차량의 11%가 사고 나면 $360 \times 0.11 = 39.6$, 즉 40만 건의 사고가 된다. 따라서 규정 속도를 지키는 것이 100:11, 약 $\frac{1}{10}$ 만큼의 사고 비율이 된다.

3. 페르마의 밀실을 탈출한 3명. 골드바흐의 가설을 거의 다 증명에 한 힐베르트의 논문을 가지고 나왔다.
'그걸로 뭐 할 거야.'

내 이름으로 출판한다면 비도덕적이지

제일 쉬운 방법이겠지만 나한테는 큰 부담이 되겠지

갈루아가 고민하자. 파스칼은 골드바흐의 추측의 증명 논문을 물속으로 던져버린다.
'무슨 짓이에요? 이건 250년 동안 미제로 남은 답이라고요
세상한테 무슨 짓을 했는지 아세요?'
갈루아가 놀라 화를 내자, '세상은 그대로야.'라고 말한다.

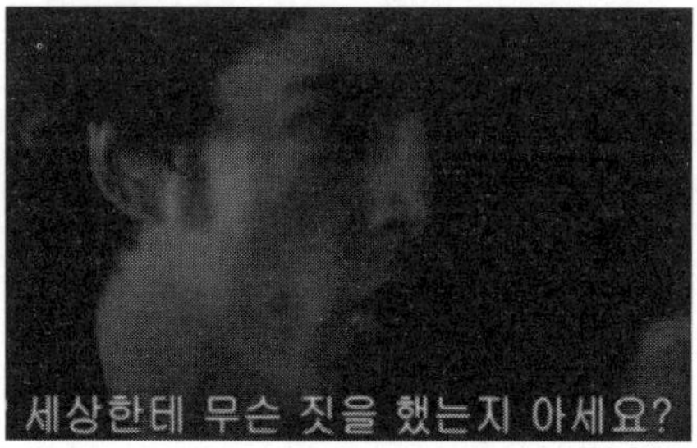

나는 어떤 선택을 할 수 있을지 자신의 생각을 쓰시오.

4. 쿠르트 괴델

영화에서 언급된 쿠르트 괴델은 불과 25살에 그가 증명한 불완전성 정리로 당시 수학계를 혼란에 빠뜨렸다. '참이지만 증명할 수 없는 명제가 있을 수 있다.' 증명되지 않은 참인 명제를 어떻게 생각할 수 있을까? (영화 〈옥스퍼드 살인〉을 참고해 읽자.) 이 문장에 대해 자신의 생각을 쓰시오.

5. 도서 〈그가 미친 단 하나의 문제, 골드바흐의 추측〉

수학의 난제인 골드바흐의 추측을 소재로 한 이 소설은 아포스톨로스 독시아디스(A. Doxiadis, 호주)의 작품으로 원제목은 Uncle Petros and Goldbach's Conjectur(페트로스 삼촌과 골드바흐의 추측, 1988년, 2000년)이다. 35개국 언어로 번역 출간되었으며 국제적으로 수많은 상을 받고 죽기 전에 꼭 읽어야 할 책으로 선정되기도 했다.

어려서부터 천재로 소문났던 나의 삼촌 페트로스는 오랫동안 난제로 남아있는 골드바흐 추측 풀이에 스스로 도전한다. 엉뚱하게도 자신의 첫사랑이었던 이졸데의 사랑을 되찾기 위해 선택한 방법이었다. 엄청난 노력을 기울였지만 그럴수록 페트로스는 점점 나락으로 빠진다. 한때 그 가족들의 자랑이었던 페트로스는 점차 조롱거리로 된다. 가족들은 말한다. '삼촌은 천부적인 재능을 타고났어. 하나님의 주신 수학적 재능은 어느 것과도 견줄 수 없는 위대한 것이었어. 그런데 그 어리석은 인간이 그걸 쓸데없는 일에 허비 해버린거야.' 바로 골드바흐의 추측이었다.

'골드바흐의 추측은 수학의 역사를 통틀어 가장 어려운 걸로 꼽히고 있어. 가장 우수한 천

재들도 그것만은 해결하지 못했단다. 삼촌이 그걸 하겠다고 21살에 뛰어든거야. 그때부터 일생을 거기에 허비해 버렸던거야.'

'그런데 그게 죄인가요? 인생의 비결이 뭐라고 생각하니? 인생의 비결은 항상 이룰 수 있는 목표를 세우는데 있는거야.' 이 책을 읽고 자신의 생각을 쓰시오.

옥스퍼드 살인
(Oxford Murders)

연쇄 살인의 미스테리

1 영화 소개(2008)

영화의 원작은 마티네즈(G. Martínez)의 소설 <The Oxford Murders>(2003)이다. 마티네즈는 아르헨티나의 한 대학에서 수학논리 박사학위를 취득한 후 옥스퍼드대학 수학연구소에서 박사후과정을 한 수학자이다. 수학 전문가답게 소설 전체에 수학과 논리철학의 분위기를 담고 있다.

옥스퍼드 살인

▍출연

- **일라이저 우드(Elijah Wood): 마틴 역**
  〈반지의 제왕〉 두 개의 탑(2003), 왕의 귀환(2004)으로 미국배우조합상도 받았다. 〈호빗: 뜻밖의 여정〉(2012)에서는 프로도 배긴스역을 맡았다.

- **존 허트(John Hurt): 아서 셀덤 교수역**
  〈미드나잇 익스프레스〉(1978)로 다수의 상을 받았으며, 〈반지의 제왕〉에서는 아라고른 역을 한 유명 배우이다.

2 제목 소개

영화의 배경이 되는 옥스퍼드는 영국의 유서 깊은 대학 도시이다. 영화는 그곳의 교수와 학생들, 그리고 그 주변의 연쇄 살인을 소재로 하고 있다.

3 영화 줄거리

마틴 … 외국에서 유학 온 새 하숙생이겠지요. 아마도

아서 셀덤에 관한 거라면 모두 다 알고 있어요.

미국 대학생 마틴이 영국 옥스퍼드대학으로 유학을 왔다. 유명한 수학 논리학자인 아서 셀덤 교수의 책 'Logic series in modern mathematics'을 책가방에 넣고 그의 제자가 되기 위해 온 것이다. 마틴은 이글턴 부인과 딸이 사는 집에서 홈스테이를 시작한다. 이글턴 부인은 에니그마 암호를 연구하고 있는데, 앨런 튜링과도 친분이 있으며 셀덤 교수와도 친구이다. 그녀의 사망한 남편 역시 최고의 수학자로서 셀덤 교수의 선생님이었다.

그러던 어느 날 이글턴 부인이 살해되면서, 옥스퍼드 살인의 첫 번째 희생자가 된다. 마틴과 같은 학생은 거들떠보지도 않는 셀덤 교수는 우연한 계기에 마틴과 함께 이글턴 부인의 시체를 발견한 최초의 목격자가 된다. 마틴은 이글턴 부인 집의 하숙생이지만, 셀덤은 익명의 사람으로부터 이상한 기호가 그려진 쪽지에 쓰인 주소로 그 집을 찾아온 것이다. 그 후 옥스퍼드에서는 세 차례의 살인사건이 더 일어난다. 그 사건들 사이에 무엇인지 모르는 연관된 기호 수열이 나오고, 그 수열을 풀어야 만 살인을 막을 수 있을 것으로 생각한다.

4 영화 장면

4-1. 영화 시작 - 진실을 알 수 있는가?

- 그가 풀고자 했던 수수께끼는 바로 이거였어요.
- 진실을 알 수 있는가?

셀덤 교수가 20세기 논리 철학자 루드비히 비트겐슈타인의 사상을 강연하는 강렬한 장면으로 시작한다. 이 영화의 명장면으로 꼽힌다.

- 〈논리 철학 논고〉 비트겐슈타인, 20세기에 가장 큰 영향을 준 철학 저서입니다.
- 우리 사고의 한계를 결정지은 사람입니다. 그가 풀고자 했던 수수께끼는 바로 이거였어요.
- Can we know the truth?
- 그 진실을 찾기 위해서 비트겐슈타인은 '수학적 논리'를 사용했습니다.
- 인간의 열정으로부터 자유로운 불변의 언어 '수학'보다 더 좋은 게 있을까요?
- 그는 천천히 풀어나갔어요. 방정식 하나하나를 대입해서, 오류가 없는 방법으로, 엄청난 결론에 도달할 때까지.
- '수학을 제외하면'
- 그런 진실은 없다. 따라서 우린 말할 수 없고, 따라서 우린 입 다물어야 한다.

역사상 모든 위대한 사상가들이 찾고자 했던 단 한 가지 확실성...

수학적 논리를 사용했습니다. 이보다 더 나은 방법이 있을까요?

인간의 열정으로부터 자유로운 불변의 언어보다 좋은 게 있을까요?

수학을 제외하면 그런 진실은 없다.

4-2. 자연의 본질은 수학적이다. 수에 숨겨진 의미를 알아낼 수 있으면…

셀덤 교수의 지도를 받기 위해 영국까지 유학을 왔지만, 마틴은 그를 만날 수 없었다. 그러다가 셀덤 교수가 하는 비트겐슈타인 사상 강연에 참석하여 토론할 기회를 갖는다.

자연의 본질은 수학적이죠

수에 숨겨진 의미를 알아낼 수 있다면

- 셀덤: 유일한 절대적인 진실을 발견하는 방법은 없다. 인류의 의문에 대답해 줄 반박할 수 없는 진실은 없다. 따라서 철학은 죽었으며 우린 입을 다물어야 한다.
- 마틴: 자연의 본질은 수학적이죠. 사물은 어떤 모델과 계획 논리적 수열로 구성되죠. 따라서 수의 숨겨진 의미를 알아낼 수 있으면 현실에 숨겨진 의미를 알 수 있겠죠.

전적으로 추상적인 개념을 받아들이지 못하니까 …

나비가 펄럭이는 날갯짓이 허리케인을 일으킬 수 있다.

- 셀덤: 나비의 날갯짓이 지구 반대편에 허리케인을 일으킬 수 있다는 터무니없는 얘기를 수십년 간 들어왔지만, 허리케인을 단 한 번이라도 예측한 사람이 있었나? 한 명도 없었어.

4-3. 살인과 그 수열이 무슨 관계가 있는지 모르겠군요.

살인과 그 수열이 무슨 관계가 있는지 모르겠군요...

사건을 논리적이 아니라 심리적으로 분석해야 한다.

논리수열(logical series)이란 구성 요소들의 그룹인데 순차적으로 배열돼요. 특정한 규칙에 따라 1,2,3,4,⋯ 도 되고 아니면 2,4,6,8,⋯도 되고, 아니면 피보나치 수열이 될 수도 있어요.

4-4. 영화 엔딩 - 자네가 그 나비인가?

▌나비효과(butterfly effect): '나비의 펄럭이는 날갯짓이 지구의 반대편에 허리케인을 일으킬 수 있다.'

나비효과는 1961년 기상학자 로렌츠(E.N. Lorenz, 미국, 1917~2008)가 기상관측을 하다가 발견한 이론으로서 카오스이론의 중추적 역할을 한다. 기존의 물리학으로는 설명할 수 없는, 이른바 '초기 조건에 민감한 의존성', 즉 이는 지구상 어디에선가 일어난 조그만 변화가 예측할 수 없는 변화무쌍한 날씨를 만들어낼 수도 있다는 것을 의미한다.

- 너도 자유로워야 돼. 나처럼
- 너도 시도해봐. 그말이 베스를 계속 …
- 자네가 그 나비인가, 마틴?

카오스이론은 작은 변화가 예측할 수 없는 엄청난 결과를 낳는 것처럼, 안정적으로 보이면서도 안정적이지 않고, 겉으로는 한없이 무질서하고 불규칙해 보이면서도 나름대로 어떤 질서와 규칙성을 가지고 있는 여러 현상을 다루는 학문이다. 대표적인 예로는 증권계의 주식 가격의 변화, 자연현상인 태풍이나 지진 등을 들 수 있다. 수학이나 물리학뿐 아니라 경제학, 기상학, 천문학, 의학, 생물학 등 다양한 분야에서 활발히 연구되고 있다. 영화 <플랫랜드>와 <스피어랜드>를 함께 읽자.

마틴이 무심히 한 말 - '너도 시도해봐. 너도 나처럼 자유롭게 살아봐'. 이 말이 베스의 머리를 계속 두드렸다. 망치처럼. 그리곤 나비효과가 베스에게 일어났는지도 모른다.

5 영화에서 만나는 수학 · 과학

5-1. 저는 파이를 믿습니다.

전 '파이 넘버'를 믿습니다.

파이 넘버요.
황금분할과 피보나치 수열 말이에요.

저는 '파이 넘버를 믿습니다(I believe in number pi.). 파이 넘버요. 황금분할과 피보나치 수열 말이예요.' 그런데, 수학에서 pi는 원주율 π를 말한다. 반면 황금분할을 말하는 값은 보통 ϕ(phi)로 쓴다. 피보나치 수열에 대해서는 영화 <Twenty one 21>을 함께 읽자. 또한 원주율 파이는 영화 <박사가 사랑한 수식>에서도 읽을 수 있다.

5-2. 거짓말쟁이 역설

"영국인은 다 거질말쟁이이다."
라고 한다면 어떨까?

참이야, 거짓이야, 아니면 입증 불가능인가?

영화에서 나온 말 '영국인은 다 거짓말쟁이다'는 수리 논리학에서 잘 알려진 역설(paradox) 중 하나인데, 이는 문장 자체가 자기 모순적이기 때문이다. 기원전 600년경에 크레타섬에 살았던 철학자이자 시인인 에피메니데스(Epimenides)는 말을 했다.

- 모든 크레타 섬사람들은 거짓말쟁이이다.

이 문장이 참이라면, 에피메니데스는 크레타 섬사람이기 때문에 지금 그는 '거짓말'을 한 것이다. 그런데 그가 거짓말을 했다면, 모든 크레타 사람들이 참말을 해야 하므로 에피메니데스가 한 말은 '참말'인 것이다. 이처럼 자기 모순적인 상황이 나오는 명제가 된다.

그런데 사실 이 문장은, 문장이 거짓일 경우에는 역설이 되지 않는데, 문장 중의 '모든'의 역은 '적어도 한 명'이기 때문이다. 다시 말해서 '어떤' 사람은 거짓말을 하지 않을수도 있다는 말이다. 그러므로 에피메니데스의 역설에 나오는 '모든'이라는 말을 명확히 수정하여 만든 역설을 '거짓말쟁이의 역설(Liar Paradox)'이라고 한다.

(1) 거짓말쟁이 역설

이 말은 거짓이다./ 나는 거짓말을 하고 있다./ 이 문장은 거짓이다.

이 문장들이 참이라면, 내용에 의해 이 문장은 거짓이어야 한다. 반대로 이 문장들이 거짓이라면, 역시 문장 내용에 의해 이 문장은 반드시 참이 되어야 한다. 에피메니데스의 역설과 마찬가지로, 참인지 거짓인지를 정확히 알 수 없는 자기 모순적이다.

영국의 수학자, 철학자이자 문인이었던 러셀(B. Russell, 1872~1970)은 거짓말쟁이의 역설을 집합 이론의 관점에서 체계적으로 정리하여 1901년에 발표하였다.

- '모든 집합을 원소로 가지는 집합은 존재할 수 없다'

이 역설은 자신을 원소로 가지지 않는 모든 집합을 원소로 포함하는 집합에 자기 자신도 원소로 포함이 되는지에 대한 여부를 고려할 때 발생한다.

- $\{x|x \notin x\}$ 자기 자신을 '포함하지 않는 집합'이 가능한가?

만약 이 집합에 자신을 원소로 포함한다면, 집합 정의에 따라 자신은 원소가 되지 않는다. 반대로 만약 자신을 원소로 포함하지 않는다면, 역시 집합의 정의에 따라 자신도 원소가 되어야 한다. 이에 관한 대표적인 것이 바로 '이발사의 역설'이다. 영화 <네이든>을 함께 읽자.

(2) 이발사의 역설

어느 마을에 단 한 명의 이발사가 있다.

그는 자신의 머리를 스스로 깎지 않는 마을 사람들의 머리만 깎아 준다고 말했다.

이 이발사는 자신의 머리를 깎을 수 있을까?

1900년대 초에 칸토어가 발표한 집합론에 대한 논쟁의 불을 지핀 러셀의 역설은, 결국 러셀 자신에 의해 '모든 집합의 집합'이 존재하지 않는다는 결론으로 마무리되었고, 저서 <수학의 원리>(Principia Mathematica, 1910)에서 다루었다. 여기에 러셀의 제자였던 비트겐슈타인도 저서 <논리철학논고>(Tractatus Logico-Philosophicus, 1922)를 통해 큰 기여했다.

5-3. 괴델의 불완전성정리

어떤 수학적 함수는 증명할 수도 없고 공리로 반박할 수도 없죠.

그렇지. 절대 증명되지 않는 문제들이 있지.

괴델의 불완전성 정리(Incompleteness Theorem)는 수리논리학에서 페아노 공리계(Peano's axioms)를 포함하는 모든 무모순적 공리계는 참(true)인 어떤 명제를 증명할 수 없으며, 특히 스스로의 무모순성을 증명할 수 없다는 정리다. 수학에서 몇 가지 중요한 명제의 증명이 애당초 불가능하다는 것을 말하는 것이 바로 '괴델의 불완전성 정리'이다. 영화 <페르마의 밀실>을 함께 읽자.

괴델(Kurt Gödel, 1906~1978)의 젊은 시기는, 19~20세기 초에 가장 위대한 수학자 중 한 명인 힐베르트(David Hilbert, 1862~1943)의 전성기였다. 힐베르트는 1901년에 세계수학자 대회의 기조 강연에서 힐베르트의 23개 '수학의 문제들'을 제안하면서 세계수학의 방향을 제시했다. 영화 <어메이징 메리>를 함께 읽자. 이제 막 박사학위를 받은 24살의 젊은 수학자 괴델이 1930년 학술회의에서 '참이지만 증명할 수 없는 수론의 명제가 있을 수 있다.'는 증명을 발표했고, 다음 해 1931년에 불완전성 정리를 포함한 논문 <수학의 원리>를 출판했다.

(1) 괴델의 불완전성 정리

수론을 포괄하는 임의의 공리계에 대하여 그 형식체계가 무모순성이라면, 결정할 수 없는 명제가 존재한다.

여기에서 '결정할 수 없는'이라는 말은 그 명제가 참임도, 그리고 거짓임도 증명할 수도 없다는 의미이다. 이것은 힐베르트가 제시한 23개 문제의 방향이 수정되어야 한다는 것을 의미했는데, 힐베르트의 두 번째 문제가 바로 산술의 공리들이 무모순성임을 증명하는 것이었기 때문이다. 괴델이 증명한 것은 산술 체계의 무모순성을 그 체계 안에서는 증명할 수 없다는 점이었으니, 힐베르트가 제시한 두 번째 문제는 결코 해결될 수 없음을 말한 것이다. 힐베르트의 문제에 정면으로 배치되는 결과로서 거장 힐베르트에게 큰 타격이 되었다고 한다.

(2) 쿠르트 괴델(K. Gödel)

쿠르트 괴델(K. Gödel)은 오스트리아-헝가리의 유복한 가정에서 병약한 아이로 태어났다. 어려서부터 천재적이었으며 1930년에 박사학위를 받았고, 바로 다음 해인 1931년에 20세기 논리수학 기초론에서 가장 중요한 발견으로 불리는 '불완전성 정리'를 발표했다. 1940년 즈음 나치를 피해 미국으로 이주했으며, 프린스턴 고등연구소의 교수가 되었다. 그런데 말년에는 극도의 내성적인 성격과 건강염려증, 피해망상증으로 고생했다. 아무도 만나지 않으면서 부인이 해주는 식사 이외에는 거부하다가 부인이 병원에 입원해 있는 동안 굶어 죽었다. 영화 <페르마의 밀실>을 함께 읽자.

5-4. 보맷의 마지막 정리, 윌킨슨 교수의 증명

유명한 '보멧의 마지막 정리'가 몇 시간 내로 풀리게 될 것 같습니다.

풀이과정이 현장에서, 공개적으로 대학의 수이론 학회에서 진행될 것입니다.

보맷의 마지막 정리와 케임브리지대학의 윌킨슨 교수 증명이라는 가명을 사용했지만, 영화의 끝부분에서 '페르마의 마지막 정리와 프린스턴대학의 와일즈 교수 증명'이라는 자막이 나온다. 페르마의 마지막 정리는 영화 <페르마의 밀실>에서 읽자.

5-5. 타니야마의 공식이 없이 불가능하다고

타니야마의 공식이 없이 불가능하다고

모든 '모듈라 폼'엔 타원곡선이 있고

타니야마 정리는 페르마의 마지막 정리가 풀리기 위해 반드시 먼저 해결되어야 했던 성질이었다. 타니야마(Y. Taniyama, 1927~1958)는 일본의 수학자이다. 그는 임의의 수체(number field) 위에서 타원 곡선의 L-함수의 성질을 연구하여 1955년에 자신의 동료 시무라(G. Shimura, 1930~2019)와 함께 타니야마-시무라 추측이라는 가설을 발표했다. 그 당시에는 수학계에서 관심을 받지 못했지만, 30년이 지나면서 서서히 주목받기 시작했다. 영화 <페르마의 밀실>을 함께 읽자.

1984년에 프레이(G. Frey, 독일, 1944~)가 타니야마-시무라의 가설이 증명된다면 페르마의 정리도 자동으로 증명될 수 있다고 발표한 것이다. 이에 이어서 1986년에 리벳(K. Ribet, 미국, 1948~)은 타니야마-시무라 추측이 성립된다면 페르마의 마지막 정리도 증명된다고 밝혔다. 더 나아가 1999년에 앤드류 와일즈(Andrew Wiles, 영국, 1953~)는 7년간의 연구에 몰입하여 타니야마-시무라 추측을 해결함으로써 마침내 350년 동안 풀리지 않고 남아있던 페르마의 마지막 정리를 증명할 수 있었다.

5-6. 수열

- 내가 2, 4, 6이라고 쓴다면 기분이 좋은 거야. 왜냐면 다음에 8이 올 걸 아니까.
- 예측 가능하다면 운명의 손안에 있는 게 아니지. 하지만 불행히도 사실과 전혀 무관하다네.

내가 2,4,6이라고 쓴다면 기분이 좋을거야.

2,4,8이라는 수열에서 그 다음 수는 16이라고 생각하겠지만, 그러나

2,4,6의 다음에 나올 값을 8로 예측하는 것은, 그 수열이 짝수들의 수열이라는 뜻이다.

$$2, 4, 6, 8, 10, 12, 14, 16, 18, 20, \cdots$$

이러한 예측이 자연스럽기는 하지만, 2,4,6으로 시작하는 수열에서 항상 8이 나오는 것은 아니다. 실제로 다음과 같은 수열도 있다.

(i) <u>2,4,6,</u> 2,6,4, 2,4,6,6,2,6,4,2,6,4,6,8,4,2,4,2,4,14,4,6,2,⋯은 인접한 두 소수의 차이로 만들어진 수열이다.

(ii) <u>2,4,6,</u> 10,12,16,18,22,28,30,36,40,42,46,52,58,60,66,70,72,78,82,88,96, 100,⋯은 소수에서 1을 뺀 값으로 만들어진 수열이다.

(iii) 그 외에 <u>2,4,6,</u> 9,12,16,20,25,30,36,42,49,56,64,72,81,90,100,110,121,132, 144,⋯ 또는 <u>2,4,6,</u> 12,24,36,48,60,120,180,240,360,720,840,1260,1680, 2520,⋯ 등을 포함하여 많은 종류의 수열이 있다.

마찬가지로 1,3,5의 다음 값을 7로 예측하는 것은, 그 수열이 홀수들의 수열이라는 뜻이다.

$$1, 3, 5, 7, 9, 11, 13, 15, 17, 19, \cdots$$

그러나 1,3,5로 시작되는 수열이 여러 종류 있다.

(i) <u>1,3,5,</u> 11,21,43,85,171,341,683,1365,2731,5461,10923,⋯은 $a_n = a_{n-1} + 2a_{n-2}$인 규칙으로 만들어진 수열이다.

(iii) 그 외에 <u>1,3,5,</u> 8,10,14,16,20,23,27,29,35,37,41,45,50,52,58,60,66,70, 74,⋯, 또는 <u>1,3,5,</u> 9,7,15,11,27,25,21,13,45,17,33,35,81,19,75,23,63,55, 39,29,135,⋯ 또는 <u>1,3,5,</u> 7,9,15,17,21,27,31,33,45,51,63,65,73,85,93,99, 107,119,127,129,⋯ 등 여러 종류의 수열들이 있다.

그러므로 수열의 값을 정확히 예측하기 위해서는 그 수열을 구성하는 수학적 성질을 먼저 확인해야 한다.

- 2,4,8이라는 수열에서 그다음 수는 16이라고 생각하겠지만, 10도 가능하고, 7004도 가능하지.
- 수열의 다음에 오는 숫자를 정당화할 수 있는 규칙 말이야.
- 그 규칙이 얼마나 복잡한지가 문제인 거지.

6 영화 밖 이야기

6-1. 루드비히 비트겐슈타인

너무 중요한 내용이라 나중에 쓸 수가 없었어요.

그 병사가 바로 루드비히 비트겐슈타인이었고,

영화의 첫 장면은 포탄과 총탄으로 아수라장이 된 제1차 세계대전의 한 전쟁터에서 어떤 사람이 땅바닥에 앉아 뭔가를 하고 있다. 사람 같기도 하고 아닌 것 같기도 하고, 죽은 것 같기도 하고 … 포연이 자욱한 한복판에서 떠오르는 생각을 주체할 수 없어 노트에 쓰고 있는 사람- 그가 바로 비트겐슈타인이다. 생명의 위험을 무릅쓸 정도로 중요한 것이 무엇이었을까?

20세기 최고의 철학자 중 한 명인 비트겐슈타인의 저서 <논리철학논고>(라틴어 Tractatus Logico-Philosophicus, 1922)가 셀덤 교수의 손에 들린 채 등장한다. <트랙타투스>라고도 불리는데, 사실 셀덤 교수가 소개하는 비트겐슈타인의 철학은 쉽게 이해되지는 않는다.

"말할 수 없는 것에 관해서는 침묵해야 한다."(Whereof one cannot speak, thereof one must be silent.)

절대적인 진실을 발견할 수 있는 방법은 없고 반박할 수 없는 진실이란 없다. 따라서 우리는 말할 수 없는 것에 대해 입을 다물어야 한다.

루드비히 비트겐슈타인(Ludwig J. Wittgenstein, 1889~1951)은 오스트리아 철강산업의 막대한 부호가정의 5남 3녀 중 막내로 태어났다. 당대 유명한 음악가, 미술가들이 끊임없이 들락대던 대저택에 살았는데, 그의 3명의 형이 모두 자살로 삶을 마쳤다. 아버지의 뜻에 따라 기계공학을 공부했고, 1908년 맨체스터 빅토리아대학에서 항공관련 공학 박사학위를 받았다. 맨체스터에서 연구 생활하는 동안 러셀(Russel)과 화이트헤드(A. Whitehead)가 공저한 <수학 원리>에 감명받아 케임브리지대학의 러셀에게 왔다. 제2차 세계대전 중에 유대인 혈통으로 인해 어려움을 겪었지만, 엄청난 재산으로 잘 견뎌냈다. 대표 저서인 <논리철학논고>는 제1차 세계대전 중에 본문을 썼으며 1918년 완성하였다. 초판은 전쟁 후 1922년에 출간되었다.

6-2. 하이젠베르크의 불확정성 정리

확신해?
하이젠베르크라면 그렇게 확인 안 할걸

자넨 열쇠구멍이 난 입자 가속기를 통해 그녀를 보는거야.
자네 좋을대로.

20세기로 오면서 수학 분야에서 괴델의 '불완전성 정리'나 물리양자역학 분야에서 하이젠베르크(W.K. Heisenberg, 독일, 1901~1976)의 '불확정성 원리'처럼 확실한 지식에 관한 문제가 제기되었다. 한마디로 설명하기는 어렵지만, 통상 전자의 위치와 운동량은 동시에 원하는 정밀도로 측정할 수 없음을 원리적인 수준에서 증명할 수 있다는 것이 불확정성 원리의 내용이다. 하이젠베르크는 불확정성 원리를 발견하여 20세기 초 양자역학의 발전에 절대적인 공헌을 했으며, 1927년에 그의 가장 유명한 과학적 업적인 <불확정성 원리>를 출판했다. 그 공로로 1932년에 노벨 물리학상을 수상했다. 영화 <아인슈타인과 에딩턴>도 함께 읽자.

- 확신해? 하이젠베르크라면 그렇게 확신 안 할걸.
- 하이젠베르크의 '불확정성 원리'
- 미스 스칼렛을 전자라고 생각해 보자고.
- 자넨 열쇠 구멍이 난 입자 가속기를 통해 그녀를 보는 거야. 자네 좋을대로.
- 그녀를 볼 때마다, 미스 스칼렛은 겉모습이나 위치를 바꾸게 될 거야.
- 자네가 지켜본다는 사실이 그녀의 원자 상태를 바꾸게 되니까…

생각해 보기

1. 피타고라스 학파

살인사건과 연관된 수열의 비밀을 알아내기 위해 도서관의 책들을 조사한다. 피타고라스 학파 - 수학의 아버지들. 그들에게 숫자는 신성한 거였고, 자신들의 비밀을 누설하지 못하게 되어있었다. 피타고라스 학파를 조사하시오.

피타고라스 학파 수학의 아버지들

숫자는 신성한 거였고 세상을 구성하는 신이었지

2. 도형수

피타고라스 학파가 연구한 삼각수, 사각수, 오각수 등은 삼각형, 사각형, 오각형과 같은 도형과 연관된 수를 말한다. 이에 대해 조사하시오.

3. 가이 포크스

영화 중에 나오는 가이 포크스(Guy Fawkes)를 조사하시오.

4. 가이 포크스는 시대를 앞서간 사람이었어

영화 자막에 '그가 실패한 것을 기념하는지, 그런 멋진 생각을 기념하는지'에 대해 자신의 생각을 쓰시오.

그가 실패한 것을 기념하는지
그런 멋진 생각을 기념하는지

5. 나비효과

나비효과는 나비의 날갯짓과 같은 아주 작고 사고한 원인이 허리케인과 같이 큰 결과를 초래한다는 이론이다. 작은 날갯짓을 하는 파리, 잠자리 등이 있는데, 왜 하필 나비일까? 그 이유를 조사하시오.

6. 영화 나비효과

나비효과(2004)
You can't change who people are without destroying who they were.

나비효과 2(2006)
Can you change your past without destroying your future?

2004년에 개봉된 미국 SF스릴러 영화인 '나비효과'는 카오스 이론에서 영화의 모티브를 따왔다고 한다. 그 후 2006년에 나비효과 2편, 다시 2009년에 나비효과 3까지 제작되었다. 영화 포스터에는 나비효과를 설명하는 문장이 다음과 같이 있다.

나비효과 1. 사람의 과거를 파괴하지 않고는 오늘의 그 사람을 바꿀 수 없다.

나비효과 2. 당신의 미래를 파괴하지 않고 당신의 과거를 바꿀 수 있는가?

이 두 문장이 말하는 나비효과가 무엇인지 자신의 생각을 쓰시오.

6. 황금비 - 황금분할과 피보나치 수열

어떤 주어진 직선을 두 부분으로 나누었다고 하자. 만일 직선 전체의 길이와 긴 부분의 길이의 비율이 긴 부분의 길이와 짧은 부분의 비율과 같을 때, 그 비율을 황금비율이라 부르며, 이렇게 나누는 상황을 황금분할이라고 말한다.

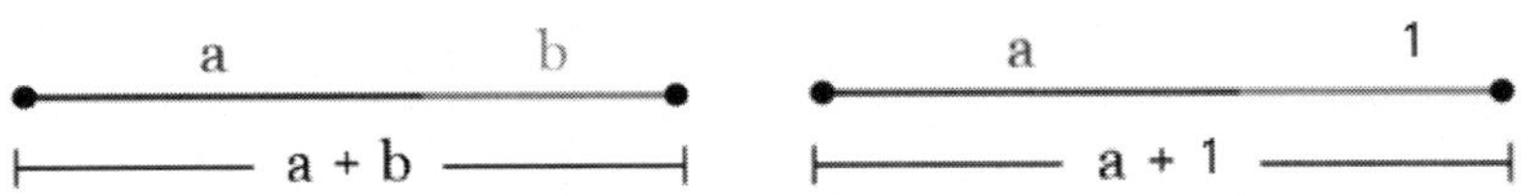

작은 부분의 길이를 1이라고 간단히 표현하면, 황금비율은 $a+1 : a = a : 1$로 표현된다. $a^2 = a+1$, 즉 $a^2 - a - 1 = 0$이다. 2차 방정식의 근의 공식으로 풀면 $a = \frac{1 \pm \sqrt{5}}{2}$ 인데, a가 양수이므로 $a = \frac{1+\sqrt{5}}{2}$, 대략 1.618 정도이다. 바로 이 값을 황금비 ϕ로 표시한다.

(ⅰ) 만일 긴 부분과 직선 전체의 길이의 비율이 짧은 부분과 긴 부분의 길이의 비율과 같은 경우를 생각해보자. 이 비율은 얼마인지 알아보시오.

(ii) 황금비는 피보나치 수열과 깊은 관계가 있다. 그 관계를 조사하시오. (피보나치 수열은 영화 〈Twenty one 21〉 등에서 읽자.)

(iii) 피타고라스 학파에서 자신들의 상징으로 사용했던 오각별과 황금비의 관계를 조사하시오.

(iv) 황금나선 구조를 아래 그림과 같이 그려보시오.

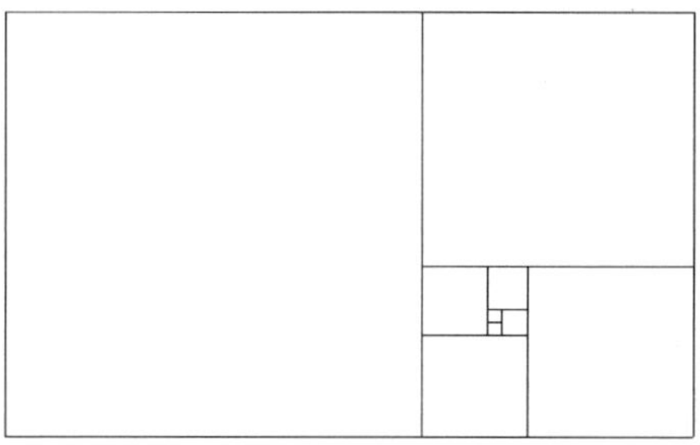

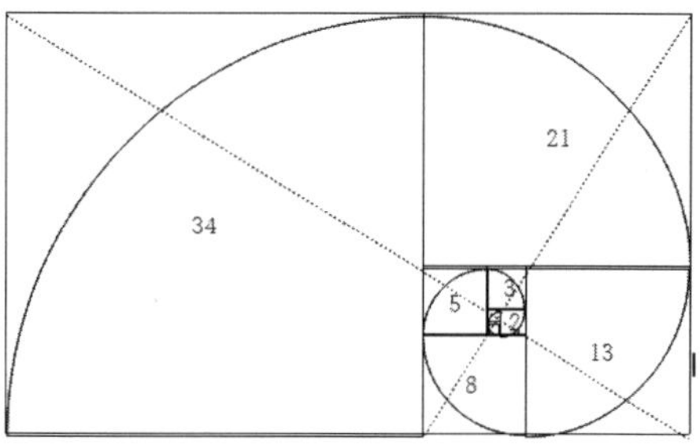

6. 풀이

(i) 비율은 실제로 황금비 ϕ의 역수인 $\phi^{-1} = \dfrac{2}{1+\sqrt{5}}$ 인데, 이 값은

$\dfrac{2}{1+\sqrt{5}} = \dfrac{2(1-\sqrt{5})}{(1+\sqrt{5})(1-\sqrt{5})} = \dfrac{-1+\sqrt{5}}{2} = 0.618$ 정도이다. 이것은 $\phi - 1$ 과 같다.

(ii) 피보나치 수열 $1,1,2,3,5,8,13,21,34,55,89\cdots$ 에서 하나의 항에서 바로 전항을 나눈 값을 확인해보자. $\dfrac{3}{2}, \dfrac{5}{3}, \dfrac{8}{5}, \dfrac{13}{8}, \dfrac{21}{13}, \dfrac{34}{21}, \dfrac{55}{34}, \dfrac{89}{55}, \cdots$ 는 그 값이 점점 1.618 즉 $\phi = \dfrac{1+\sqrt{5}}{2}$ 에 가까워지는 것을 볼 수 있다. 반대로 하나의 항에서 바로 뒷항을 나눈 값 $\dfrac{2}{3}, \dfrac{3}{5}, \dfrac{5}{8}, \dfrac{8}{13}, \dfrac{13}{21}, \dfrac{21}{34}, \dfrac{34}{55}, \dfrac{55}{89}, \cdots$ 은 점점 0.618 즉 ϕ^{-1}로 가까워진다.

(iii) 피타고라스 학파의 상징으로 사용되었던 오각형 별은 완전한 황금비율로 그려진다. 피타고라스 학파는 학술단체 일뿐만 아니라 사회 조직인데, 각 구성원이 사회 전체에서 조화롭게 생활하고자 하는 표본이었다.

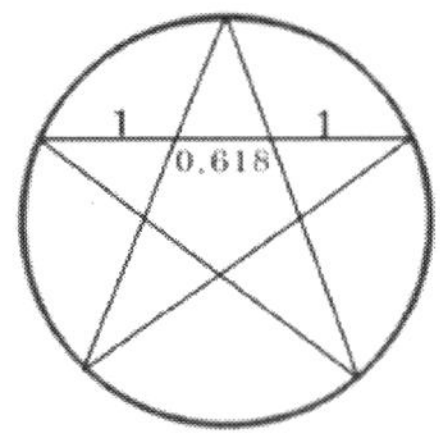

머니볼
(Money Ball)

수학·통계분석으로 새로운 야구

1 영화 소개(2011)

영화의 원작은 루이스(M. Lewis)의 소설 <머니볼>(Moneyball)(2003)이다. 루이스는 뉴욕 타임스 매거진의 경제언론 칼럼니스트이며, 이 책은 미국의 프로야구 선수였으며 오클랜드 애슬레틱스팀 단장이었던 빌리 빈(Billy Beane, 1962~)을 소재로 한 소설이다. 만년 하위 성적의 가난한 애슬레틱스팀에서, 빈은 야구의 모든 데이터를 수학으로 분석한 이론을 도입해 팀을 운영했다. 그 결과 메이저리그의 약팀인 애슬레틱스팀을 강팀으로 성장시켰으며 2002년에는 아메리칸리그에서 20연승을 기록한 유일한 구단이 되었다. 이 책은 스포츠 서적이 아니라 경영 서적으로 분류된다. 인기나 전통에 근거하지 않고 논리적인 수학 통계에 기반을 둔 경영 개혁에 대한 책이다.

머니볼

▎출연

- **브래드 피트(Brad Pitt): 빌리 빈 역**
  〈원스 어폰 어 타임 인 할리우드〉(2020)로 아카데미 최우수 남우조연상을 받았으며 〈벤자민버튼의 시간은 거꾸로 간다〉 등 수 많은 작품을 했다.

2 제목 소개

오클랜드 애슬레틱스팀의 빌리 빈이 사용한 이론이 '머니볼'이다. 그는 원래 프로야구 선수였지만, 선수로서는 성공적이지 못했다. 그 후 팀의 단장을 맡아 수학적 통계를 토대로 한 '세이버메트릭스(Sabermetrics)' 이론에 기초해 선수를 영입했다. 일반적으로 홈런이나 타율이 높은 타자를 기용하던 것과는 달리, 빈은 타율, 홈런 외에 출루율 등 더 많은 객관적인 수학적 통계 데이터로 접근했다. 재정이 빈약한 애슬레틱스팀은 비싼 돈을 지불하여 좋은 선수를 영입하는 뉴욕 양키스와 같은 부유한 팀들과 경쟁을 할 수 밖에 없었고, 그 대신 '저비용 고효율'이라는 경제학의 기본 원칙을 따를 수 밖에 없었다.

3 영화 줄거리

Moneyball: 불공정 게임을 승리로 이끄는 과학
(The art of winning an unfair game)

오클랜드 애슬레틱스팀의 근본 문제는, 구단의 빈약한 재정으로 인해 애당초 좋은 선수를 영입할 수도 없고 유지할 수도 없다는 것이다. 메이저리그 야구의 최약체 팀 중 하나인데, 단장 빌리 빈은 기존의 운영 방법을 완전히 엎어버린다. 예일대 경제학과 출신의 피터 브랜드를 조수로 채용해서 수학적 통계 기술을 활용한 '머니볼' 이론의 '세이버메트릭스' 프로그램을 사용한다. 이로써 저비용으로 고효율의 선수를 기용하는 것이다. 150년 이상 지속되던 선수 선발 방식을 바꾸는 과정은 당연히 팀 내의 많은 저항을 불렀다. 영화는 야구를 소재로 하고 있지만, 사실 수학적 엄밀한 분석에 기초한 팀 운영방식을 다루는 내용이다.

> It is unbelievable how much you don' t know about
> the game you' ve been playing all your life.
> – Michey Mantle

영화는 다음과 같은 멋진 자막으로 시작한다. '당신은 평생 당신이 해 온 경기에 대해 믿지 못할 만큼 모르고 있다.' 여기서 맨틀(M. Mantle)은 메이저리그 뉴욕 양키스의 선수로서 1950~1960년대 야구 역사상 최고의 타자로 평가받는다. 베이브 루스 – 루 게릭 – 조 디마지오 - 미키 맨틀로 계보가 이어진다. 그의 등번호 7은 뉴욕 양키스에서 영구 결번으로 지정되었다.

4 영화 장면

4-1. 영화 시작 - 불공정 게임이지. 우린 작은 팀이야

불공정 게임이지

우린 작은 팀이야. 넌 작은 팀 GM이고

부유한 팀과 가난한 팀 - 어쩌면 당연한 결과가 기다리고 있다. 구단주는 큰 것을 바라지 말고 열심히만 해 달라고 말한다. 어차피 우리는 작고 가난한 구단이니까.

– '선수 전체 연봉 1억 1,400만 달러인 부유한 야구단과 3,900만 달러인 가난한 야구단'

New York Yankees
$114,457,768
VS
$39,722,689
Oakland Athletics

4-2. 다르게 생각할 때가 된 거야.

돈의 전쟁이라고 하는 프로 스포츠계에서 부자팀과 가난한 팀의 대결은 처음부터 불공정 게임이다. 그것을 극복하려면 다르게 생각해야만 했다. 기존의 패러다임을 완전히 바꿔 도전하자는 의견에, 대부분 사람들은 동의하지 못한다. 150년이나 지속해온 경영 패턴이 있으니까.

우린 이것을 아주 마땅히 당연하게 오랫동안 해왔고

다르게 생각할 때가 된거야

빌리 빈은 어릴 때부터 촉망받던 야구 선수였다. 장교였던 아버지 영향으로 운동 재능이 있었고, 야구는 물론 농구, 풋볼도 뛰어났다. 빈은 야구에 집중하기 위해 풋볼을 포기했는데, 고등학교 졸업 때에 스탠퍼드(Stanford)대학은 야구-풋볼 장학생으로 빈을 영입하려고 했다. 그러나 그는 대학 진학 대신에 드래프트 1순위로 뉴욕 메츠에 입단했고 1984년 메이저리그에 데뷔했다. 고교 유망주였던 그가 프로에서는 성공하지 못했고, 여러 팀으로 이적하다가 오클랜드 애슬레틱스에서 1989년에 은퇴했다. 그의 고교 시절 코치였던 블레이락(S. Blalock)은 빌리 빈의 실패에 대해 이렇게 말했다.

- 그에게 무형의 자산, 즉 긍정적인 사고만 있었다면 프로 무대에서 분명 성공했을 겁니다.

4-3. 선수를 사지 말고 승리를 사세요.

대개 야구단을 운영한다 생각하면 선수를 살 걱정부터 합니다.

선수를 사는 게 목표가 되어서는 안 됩니다.
목표는 승리를 사는게 되야죠.

‘선수 사는 게 목적이 아니라, 승리를 사는 게 목적입니다.’(Your goal shouldn’t be to buy players. Your goal should be to buy wins. You need to buy runs.)라는 말로 빈에게 새로운 영감을 주는 피터 브랜드가 있다. 브랜드 - 알고 보니까 그는 명문 예일대학 경제학과 출신이다.

4-4. 문제의 핵심은 그게 아니야. 이 방법을 믿을 수 있는가 하는 거야?

우리가 고민해야 할 문제는

이 방법을 믿느냐 하는거야

새로운 방법을 선택할 때 주변의 저항이 만만치 않다. 결국 다른 사람의 의견이 아니라, 자신이 선택한 방법 - 수학 통계를 바탕으로 한 과학적 분석을 믿을 수 있는가를 고민하게 된다. 그리곤 말한다. '잘 되는 못 되든 밀어붙여 볼래.'

4-5. 영화 엔딩 - 어쨌든 당신은 개척자입니다.

- 당신이 뭘 비장의 무기로 썼는지, 나는 잘 모릅니다만,
- 어쨌든 당신은 개척자입니다.
- 보스턴의 GM이 돼주세요. 이게 제 제안입니다.

오클랜드 애슬레틱스의 믿을 수 없는 승리로 인해 빌리 빈이 사용한 머니볼의 세이버메트릭스 이론은 많은 주목을 받았다. 그는 보스턴 레드삭스의 단장직을 제안받았다.

그는 고교 졸업 후 스탠퍼드대학에 진학하지 않았다. 그 대신 메츠와의 첫 계약에서 연봉 $125,000(2020년도 기준으로 $392,619+보너스) 계약을 했었다. 그는 보스턴 레드삭스의 제안을 거절하고 오클랜드 애슬레틱스에 계속 남아있었다.

- 난 인생에서 단 한 번 돈 때문에 결정을 내린 적이 있다. 바로 스탠퍼드에 가지 않고 메츠로 간 일이다. 그 후 나 자신한테는 다시는 그런 일을 하지 않겠다고 맹세했다.

5 영화에서 만나는 수학 · 과학

5-1. 야구를 숫자로 바꾼 거예요. - 머니볼

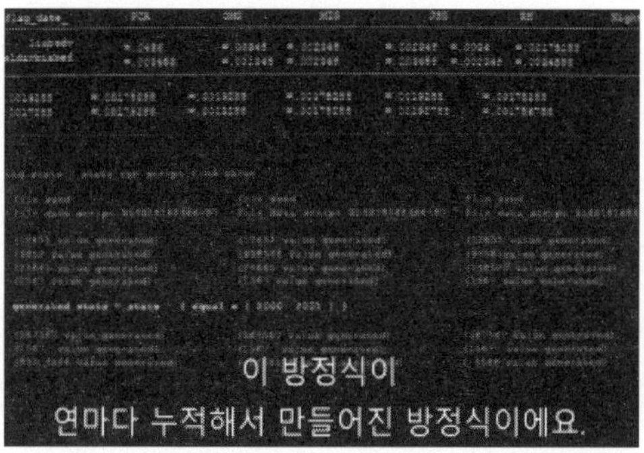

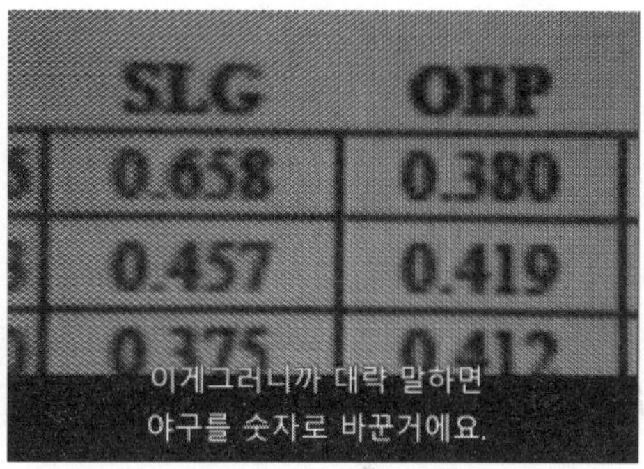

- 이 방정식이 연도마다 누적해서 만들어진 방정식이에요.
- 이게 그러니까 대략 말하면, 야구를 숫자로 바꾼 거예요.

자료를 축적하고 통계 처리하여 철저하게 수학적 결정을 하게 되면 기존의 상식이나 경험에 의한 판단과는 다른 경우가 많이 있다. 각 선수의 성적을 오랫동안 누적해서 통계적 기술로 방정식을 만든다. 그 기준에 따라 선수들을 평가하고 적절한 보상으로 영입한다. 이런 방법은 어떤 특정한 시즌에의 성패가 아닌, 선수의 승패율을 정확히 평가하는 근거가 된다. 나이, 외모, 성격과 같은 외적인 요인이 아닌, 통계치를 기준으로 타 구단에서 관심 두지 않는 훌륭한 선수를 저렴한 연봉으로 영입한다는 것이다. 야구를 수학적 엄밀한 기준으로 바라본 통찰력 - 결국 야구 게임을 숫자로 바꾼 것이다.

5-2. 너 그 숫자놀음 믿어 안 믿어? - 세이버메트릭스

통계를 바탕으로 야구를 읽어보고

이런! 너 니 숫자 놀음 믿어? 안 믿어?

영화에 나오는 수학식은 1980년대에 빌 제임스(Bill James)가 고안해낸 세이버메트릭스(Sabermetrics)의 일부분이다. 'Sabr'은 미국 야구연구협회(The Society for American Baseball Research, Sabr)를 말하며, 거기에 수학에서 계량, 계측(measure)의 뜻을 지닌 'metrics'를 합성한 단어이다. 빌 제임스는 '타율'이나 '평균자책점' 같은 통상적인 기록이 선수의 가치를 제대로 평가하지 못한다는 문제점에서 출발하여 새로운 개념을 만든 것이다.

기록의 스포츠인 야구는 수치화된 지표가 많아서 선수들을 평가하는 기준으로 활용되는데, 여기에 정교화된 수학 통계 기술을 적용해서 객관적인 수치로 야구를 이해하려는 것이 '세이버메트릭스'이다. 선수의 가치를 합리적으로 나타내는 수치를 만들고, 이를 바탕으로 경기 결과를 예측하고자 하는 것이다. 대표적인 식으로 다음의 것들이 있다.

$$\text{타율} = \frac{(1\text{루타} + 2\text{루타} + 3\text{루타} + \text{홈런})}{\text{타수}}$$

$$\text{장타율} = \frac{(1(1\text{루타})1 + 2(2\text{루타}) + 3(3\text{루타}) + 4(\text{홈런}))}{\text{타수}}$$

$$\text{출루율} = \frac{(1\text{루타} + 2\text{루타} + 3\text{루타} + \text{홈런} + \text{볼넷} + \text{몸에맞는공})}{\text{타석수}}$$

$$\text{OPS} = \text{출루율} + \text{장타율}$$

현대 야구에서는 출루율이 높은 타자가 인정을 받으며, OPS는 타자의 실력을 더 정확하게 평가하는 지표로 사용된다. 이밖에 빌 제임스는 어떤 팀이 얻게 될 점수를 예측하는 득점 생산력(Runs Created)의 모델링을 개발했다.

$$RC = (\text{안타} + \text{볼넷}) \times \frac{\text{총루타수}}{(\text{타수} + \text{볼넷})}$$

그뿐만 아니라 팀의 득점과 실점을 바탕으로 승률을 예측할 수 있는 식도 고안했는데, 계산식이 피타고라스의 정리와 비슷하게 생겨서 '피타고리안 승률'이라고 불린다.

$$\text{피타고리안 승률} = \frac{\text{득점}^2}{(\text{득점}^2 + \text{실점}^2)}$$

영화에는 RC와 피타고리안 승률의 장면이 나온다. 미국 메이저리그에 맞춰진 이 공식들은 한국 프로야구의 현실과는 맞지 않는 부분이 있다. 1991~2012년까지 프로야구의 기록을 통계 분석해 만든 한국형 피타고리안 승률은 다음과 같다.

$$(\text{한국형})\text{피타고리안 승률} = \frac{\text{득점}^{1.87}}{(\text{득점}^{1.87} + \text{실점}^{1.87})}$$

초기의 세이버메트릭스는 '야구 기록에 대한 수학적, 통계적 연구(the mathematical and statistical analysis)'라고 정의되었지만, 점차 확대되어 '야구의 객관적 지식을 추구하는 것(The search for objective knowledge about baseball)'이라는 광범위한 개념으로 수정되었다. 이러한 수식에 수학적인 엄밀성이 다소 부족한 경우도 있지만, 세이버메트릭스의 공식들을 이용해 선수들의 기량을 평가하여 나온 결과가 바로 메이저리그 하위 팀인 오클랜드 애슬레틱스의 20연승이라는 놀라운 기록이다. 우리나라에는 아직 세이버메트릭스가 본격적으로 도입되지 않았는데, 빅데이터가 쌓여야 세이버메트릭스를 적용할 수 있기 때문이다. (참고 : 스포츠통계 – 승리를 부르는 스포츠통계 : 미래창조과학부, 한국과학창의재단)

5-3. 빌 제임스(Bill James, 1949~)

> **빌리 빈(Billy Beane)은 빌 제임스(Bill James)가 만든 이론에 근거해서 팀을 재구성했다.**

> **빌 제임스와 수학은 이따위 것들을 다 제끼고 시작할 겁니다.**

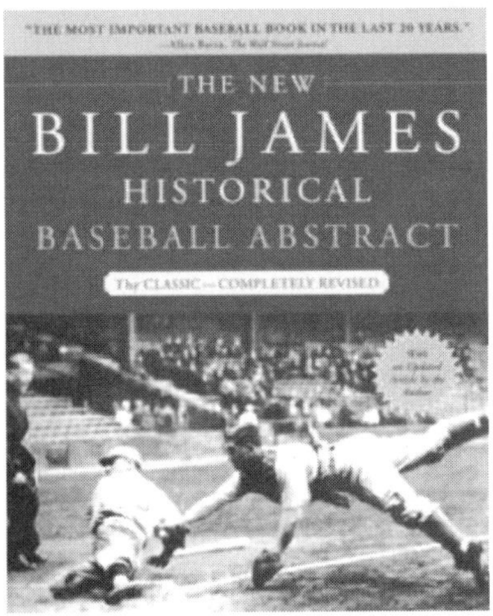

세이버메트릭스 이론을 만든 빌 제임스는 야구 전문가가 전혀 아니라 한 식품회사의 경비원으로 일하고 있었다. 진정한 야구팬이었던 그는 취미 삼아 야구기록을 분석한 글을 모아 책 <Baseball Abstract>(1977)을 냈는데, 당시 75부가 팔렸다고 한다. 그 후에도 매년 이 책을 발간했고, 야구 데이터에 대한 신선한 시각으로 인기를 얻으면서 1982년부터는 매년 수천 부씩 판매될 정도가 되었다. 80년대 중반에는 '프로젝트 스코어시트(Project Scoresheet)'를 조직해서 자원봉사자들이 직접 야구 기록을 수집하도록 했다. 이 덕분에 많은 사람이 야구 데이터를 접할 수 있었다. 2003년에는 보스턴 레드삭스 구단주가 그를 구단의 자문 위원으로 위촉했으며 오랫동안 레드삭스의 고문으로 일했다.

6 영화 밖 이야기

6-1. 직업소개

(1) 스포츠 전력분석가

객관적이고 정확한 분석은 경기의 승리를 견인하는 중요한 요소인데, 통계, 확률 등의 수학적 데이터를 분석하는 일을 하는 사람들이 '스포츠 전력 분석가'이다. 선수들 각각의 특성과 경기 형태를 분석하여 전략으로 활용하는 일을 하는데, 최근 많은 학생의 장래희망으로 관심 갖는 직업군이다. 스포츠 시장의 규모가 커지면서 스포츠 전력 분석가의 입지는 점차 확대된다.

> 신문기사: 프로야구 롯데, 야구 데이터의 통계·수학적 분석에 특화된 전문 인재. 매튜 드 마르테 영입 (마니아타임즈, 2021.4.7.)
>
> 프로야구 롯데 자이언츠가 데이터 분석 전문가인 매튜 드마르테(Matthew de Marte)를 영입했다. 메이저리그 LA 에인절스에서 2019년부터 2년 동안 통계 데이터 분석과 함께 전략과 스카우트 파트를 담당한 매튜는 야구데이터의 통계·수학적 분석에 특화된 전문인재라는 것이 롯데 측의 설명이다. KBO 리그에서 메이저리그 현역 데이터분석 인력을 스카우트한 것은 롯데가 처음이다. 매튜는 트랙맨 및 데이터분석, 전력분석 리포트를 작성하는 역할을 맡아 R&D팀의 역량 강화 및 선수단 전력 향상에 기여할 것으로 기대하고 있다.

경기의 승패는 '선수 능력'과 '전력 분석가들의 두뇌 능력'으로 결정된다. 이렇게 중요한 역할을 하는 스포츠 전력 분석가가 되기 위해서는 수학 원리의 이해 능력이 필요하다. 상대편 전력 분석가의 판단까지 고려하여 한 수 앞을 예측해야 하므로 '수학적 논리적 추론'과 '판단력'이 요구된다. 경우의 수, 확률, 함수, 대응 등 다양한 수학 원리가 스포츠 분석에 사용되므로 '스포츠 전력 분석가'의 기본 자질은 수학을 바탕으로 한다. 수학적 사고력은 새로운 시각을 갖는 큰 힘이 된다.

(2) 빅데이터 전문가

빅데이터 전문가는 많은 양의 데이터를 만들거나 수집해 관리한다. 데이터 안에서 사람들의 행동 패턴을 알아내기도 하고, 경제 상황을 예측하며 여러 분야에 걸친 정보를 다룬다. 이를 위해서는 통계학과 비즈니스 컨설팅 그리고 데이터 분석을 위한 설계 기법에 대한 지식이 있어야 한다. 앞으로 컴퓨터, 모바일, 사물인터넷(IoT), SNS 등이 더 발전하면, 빅데이터는 점점 더 중요해질 것이다. 사실 스포츠 전력 분석가를 빅데이터 전문가의 일부로 볼 수도 있다.

(i) 하는 일: 다양한 분야에서 발생하는 데이터를 수집하는 방법을 설계하고 만든다. 데이터를 저장하는 구조를 만들고, 데이터의 흐름을 설계하며, 데이터를 관리하는 일을 한다. 또한 빅데이터를 분석해서 의미 있는 정보로 재조직한다.

(ii) 관련 직업: 빅데이터 분석 관련 직업, 데이터 과학 데이터마이닝, 정보경영자, 스포츠 데이터 분석가, 정보통신 데이터베이스관리자, 통계분석가, 소프트웨어개발자 등

(iii) 관련학과: 다양한 분야에서 얻은 방대한 양의 데이터를 처리하려면 여러가지 기술이 필요하다. 최근 인공지능은 빅데이터 기술을 바탕으로 만들어진 것이다. 데이터를 처리하기 위해서는 빠른 컴퓨터가 필수이므로, 하드웨어 기술도 뒷받침되어야 한다. 데이터 처리에 통계적 기법을 활용하므로 수학적 지식과 통찰력도 필요하다.

생각해 보기

1. 통계의 함정 - 머니볼만으로는 우승할 수 없다.

야구는 숫자놀음이 아니야. 과학만 갖고 하는게 아니라고...

그런 수학적 장난감들로 넌 이길 수 없어.

세이버메트릭스에 대한 반박도 많다. 영화 〈머니볼〉에서는 이러한 변화에 따른 갈등이 잘 묘사되기도 했다. 사람이 하는 경기인데 숫자와 통계에 집착하는 것은 문제가 있다는 지적이다. 실제로도 세이버메트릭스에 의존하여 팀을 운영한다고 꼭 성공하는 것은 아니다. 그러나 수치화하기 힘들어 보이던 행위들을 좀 더 수학적인 방법으로 분석하고자 하는 시도는 점차 합리적인 방법으로 받아들여지고 있고, 큰 성과로 연결되기도 했다.

그러나 한편 통계적 수치가 만드는 함정이 빠지는 경우도 비일비재하다.

문제 1. 군인들이 큰 강 앞에 도달했다. 군인들의 평균 키는 180cm, 강의 평균 수심은 150cm 이다. 이러한 보고를 받은 장군은 도강을 명령한다. “병사들, 다 같이 강을 건넌다.” 예측되는 상황을 쓰시오.

문제 2-1. 1973년에 대학원 입학에서 남학생 지원자에게 유리한 결정을 내렸다며 캘리포니아주 버클리대학이 성차별로 고소를 당했다.

전체	지원자	합격자	합격률
남학생	1150	815	70.87%
여학생	820	185	22.56%

위의 데이터를 보고 어떤 판단을 할 수 있는지 생각해 보시오

문제 2-2. 이에 따라 대학 측에서는 이공대와 인문대를 세분화한 다음과 같은 통계 결과를 제시하였다.

인문대	지원자	합격자	합격률
남학생	150	15	10%
여학생	700	85	12.1%

이공대	지원자	합격자	합격률
남학생	1000	800	80%
여학생	120	100	83.3%

그 후 대학을 상대로 한 고소가 취하되었다. 어떤 상황인지 설명해 보시오.

문제 3-1. 바이러스를 치료하는 두 종류 백신 A, B가 있는데 치료 성공률이 다음과 같다.

전체	환자수	완치자	치료율
A 백신	350명	273	78%
B 백신	350명	289	82.57%

위의 데이터를 보고 어떤 판단을 할 수 있는지 생각해 보시오.

문제 3-2. 위의 데이터를 다시 세분하면 다음과 같다.

경증환자	환자수	완치자	치료율
A 백신	87	81	93%
B 백신	270	234	87%

중증환자	환자수	완치자	치료율
A 백신	263	192	73%
B 백신	80	55	69%

위의 데이터를 보고 어떤 판단을 할 수 있는지 생각해 보시오.

이러한 통계 함정을 영국 수학자 에드워드 심슨(E. Simpson, 1922~2019)의 이름을 따 심슨의 역설(Simpson's Paradox)이라 부른다. 이는 모든 결과를 동일하게 취급하고 단순히 평균을 냈을 때 발생하는 문제이다. 부분에서 성립하던 성질이 부분을 합한 전체에선 성립하지 않을 수 있으며, 마찬가지로 전체에서 성립하던 성질이 부분으로 쪼갠 상황에서는 성립하지 않는다는 것이다. 각각의 변수의 특성을 고려하지 않고 전체 통계의 결과만 볼 때 발생할 수 있는 오류로서, 통계의 함정에 빠지지 않도록 주의해야 한다.

문제 4. 심슨의 역설을 조사하시오.

문제 5. 평균으로 잘못된 판단을 했던 경험을 생각해 쓰시오.

풀이 1.

이 상황에서 어떤 일이 벌어졌을지는 쉽게 예측된다. 강 언저리를 지나면서 물이 갑자기 깊어진다. 물에 빠져 허우적대는 병사들이 속출하자 장군은 회군을 명령했지만, 이미 많은 사상자가 발생한 다음이었다.

풀이 2-1.

이공대와 인문대 전체 남녀 합격률에서 남학생 집단과 여학생 집단사이에 약 3배보다 큰 현저한 차이가 있어 보인다.

풀이 2-2.

대학 전체의 지원자 합격률 대신에, 각각 인문대와 이공대로 나누어 볼 때, 인문대와 이공대 모두에서 여학생의 합격률이 높았던 것이다. 전체의 평균과 세부적인 평균의 결과가 반대로 되는 역설이 발생한 것이다.

풀이 3-1.

감염환자 350건에 대해 백신의 치료 성공률은 각각 78%(A 백신), 83%(B 백신)이다. 따라서 B 백신의 치료율이 높아 효과적인 백신으로 판단될 수 있다.

풀이 3-2.

그러나 크게 경증환자와 중증환자로 세분화하여 치료 성공률을 보면 경증–중증환자 집단 모두에서 A 백신의 치료율이 높았다. 무엇 때문일까? 경증과 중증을 분별하지 않고 평균을 내었을 때, 경증치료에 많이 사용된 B 백신의 치료 성공률이 높은 것처럼 보였다.

2. 양궁 선수 선발

양궁은 기존 개인전에서는 3발씩 4번, 총 12발을 쏜 다음, 점수를 합산해 승부를 가렸지만, 2016년 리우 올림픽에서는 5세트를 겨뤄 3세트를 먼저 이긴 선수가 승리하는 방식으로 바꿨다. 단체전은 3명의 선수가 한 팀으로 출전하는데, 4세트를 겨뤄 먼저 총점 5점을 낸 팀이 승리한다. 여기서 점수는 세트당이기면 2점, 비기면 1점, 지면 0점이다. 선수 A와 B가 각각 화살 10발을 쏘아, 아래와 같은 점수를 냈다고 하자. 두 선수 중에서 어떤 선수를 대표선수로 선발하는 게 적절한가.

경기(회)	1	2	3	4	5	6	7	8	9	10
A의 점수	6	6	7	7	7	8	7	8	7	7
B의 점수	10	8	5	7	8	7	7	6	6	6

(ⅰ) 가장 간단한 생각은 두 선수의 평균 점수를 구하는 것이다.

$$\text{A의 평균} = \frac{6+6+7+7+7+8+7+8+7+7}{10} = 7$$

$$\text{B의 평균} = \frac{10+8+5+7+8+7+7+6+6+6}{10} = 7$$

두 선수의 평균은 7점으로 차이가 없으며, 실제로 평균은 의미가 없는 경우가 많다.

(ii) 그렇다면 각 점수를 몇 번씩 냈는지 막대그래프를 그려본다. 또한 도수분포를 그린다.

도수	5점	6점	7점	8점	9점	10점
A의 점수		2건	6건	2건		
B의 점수	1건	3건	3건	2건		1건

평균은 같았지만 그래프는 다른 양상을 보여준다. 특히 도수표로 볼 때 A는 평균인 7점 부근에 집중되어 있지만, B는 평균인 7점으로부터 흩어져 있는 것을 알 수 있다.

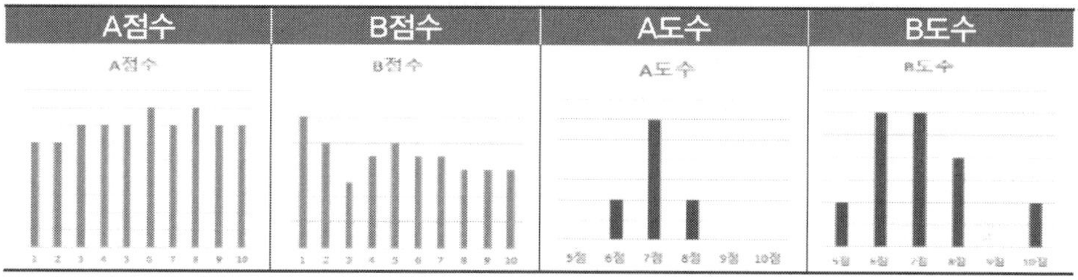

(iii) 평균은 같아도 점수가 흩어져 있는 정도는 다를 수 있는데, 자료들이 흩어져 있는 정도를 통계학에서 '산포도'라고 부른다. A의 산포도는 B의 산포도보다 작은 것으로 보인다. 산포도를 나타내는 값은 몇 가지가 있는데, 그중에서 가장 많이 사용되는 것이 중학교에서 배우는 '분산'이다. 분산은 평균을 중심으로 각 변량이 흩어져 있는 정도를 수치화한 것으로서, 다음의 두 가지 용어가 필요하다.

편차(deviation): 어떤 자료에 대하여 각 변량에서 평균을 뺀 값을 말한다.
분산(variance): 각 편차의 제곱의 합을 변량의 수로 나눈 값, 즉 편차 제곱의 평균이다.

위의 표에서

A점수	8	7	7	6	7	8	7	6	7	7
편차	8−7 =1	7−7 =0	7−7 =0	6−7 =−1	7−7 =0	8−7 =1	7−7 =0	6−7 =−1	7−7 =0	7−7 =0

따라서 A의 분산 $=\dfrac{1^2+0^2+0^2+(-1)^2+0^2+1^2+0^2+(-1)^2+0^2+0^2}{10}=\dfrac{2}{5}$

마찬가지로

B점수	5	8	10	7	8	7	6	7	6	6
편차	5–7 =–2	8–7 =1	10–7 =3	7–7 =0	8–7 =1	7–7 =0	–1	0	–1	–1

따라서 B의 분산 $=\frac{(-2)^2+1^2+3^2+0^2+1^2+0^2+(-1)^2+0^2+(-1)^2+(-1)^2}{10}=\frac{9}{5}$

자신이 양궁팀 감독이며 딱 한사람의 선수를 지금 선발한다면, A,B 중 누구를 선택할지 자신의 생각을 쓰시오.

3.

분산을 계산할 때, 각 편차의 합을 변량의 수로 나눈 값이 아니라, 각 편차의 '제곱'의 합을 변량의 수로 나눈 값으로 택하는 이유에 대해 생각해 보시오.

4. 다른 경기에서 기여도 분석

야구에서 여러 지표를 이용해 팀과 각각의 선수를 평가하는 것처럼, 축구나 배구, 농구 등에서도 팀과 선수의 실력을 평가하는 데 사용하는 지표가 있다. 축구에서 사용되는 통계지표를 알아보시오.

5. 밤비노의 저주

밤비노의 저주를 조사하시오.

Twenty One
(21)

확률 _ 라스베이거스를 정복하기

1 영화 소개(2008)

메즈리치(B. Mezrich)의 <Bringing Down the House>(카지노 무너트리기, 2008년)가 원작 소설이다. 미국 MIT대학의 블랙잭 팀의 실화를 소재로 한 논픽션 소설이다.

Twenty one

출연

- **짐 스터지스(J. Sturgess): 벤 캠블 역**
  영국의 배우인데, 뮤지컬 로맨스 영화 〈어크로스 더 유니버스〉(2007)로 주목받았으며, 영화 〈21〉로 수상했다.

- **케빈 스페이시(K. Spacey): 미키 교수 역**
  미국의 배우이자 영화 감독으로, 〈유주얼 서스펙트〉, 〈아메리칸 뷰티〉 등 작품에서 아카데미상을 받았다.

2 제목 소개

영화 <Twenty One>의 제목으로 쓰인 숫자 21은 무슨 뜻일까? 영화에서는 21이라는 숫자가 두 번 정도 나온다. 우선 주인공 벤의 나이가 21살이다. 생일 케익에 21을 써넣으면서 피보나치 수열을 언급한다. 그러나 사실 21은 영화의 소재인 블랙잭 게임에서 가장 포인트가 되는 숫자인데, 블랙잭 게임에서는 카드의 숫자를 더해 21점에 가까운 수를 만드는 사람이 승자가 된다. 카드 A는 1또는 11점으로, J, Q, K는 모두 10점으로 계산한다. 딜러는 카드의 합이 17보다 작으면 무조건 카드를 받아야 하고 게임의 참여자는 상황에 따라 스스로 결정할 수 있다. 그러나 21점보다 커지면 게임에서 진다. 카드의 점수가 21을 넘지 않되 최대한 21에 가까운 점수가 되도록, 수학 두뇌 싸움을 하는 것이다.

3 영화 줄거리

MIT 졸업을 앞둔 벤은 훌륭한 학생이다. 학점 4.0, 학부 시절에 조교 경력, 의과대학 자격시험 우등, 각종 선발대회 활동 등, 화려한 스펙으로 이미 하버드 의과대학원의 입학허가를 받아놓았다. 그런 벤에게 걱정거리는 의대 학비이다. 무려 30만 달러(2022년 환산으로 대략 3억 6천만 원)에 달하는 학비가 필요한데 그것을 감당할 상황이 아니다. 지금도 벤은 시급 8달러의 알바를 하고 있다. 영화는 벤이 장학금 신청을 위한 인터뷰를 하는 것으로 시작하지만, 잘 될 것 같지는 않다. 그러던 중 벤은 수학 강의에서 미키 교수를 만난다. 벤의 수학적 재능을 한눈에 알아본 교수로 인해, 그는 전혀 생각지도 못한 상황에 들어간다. 미키 교수와 벤, 그리고 몇 명의 MIT 학생들의 블랙잭 팀은 라스베이거스 카지노 게임에서 운(luck)을 기대하는 것이 아니라 수학적 기술을 사용하여 카드를 계산한다. 카드 통에 남아있는 카드를 계산하는 '카드 카운팅' 기술로 승리를 거둡한다. 처음에는 의대 진학에 필요한 학비만 벌면 카지노에서 손을 떼려고 했지만, 벤은 점점 카지노에 빠져든다.

4 영화 장면

4-1. 영화 시작 - 엄청난 학비 때문에 포기할 위기예요.

지원자 76명 중 수혜자는 단 한 명일세.

대부분 자네처럼 뛰어난 학생들이지

하버드대학 장학금 인터뷰로부터 시작한다. MIT 졸업과 동시에 하버드의대 입학을 앞둔 수학 천재 '벤'. 자전거를 타고 보스턴 시내를 가로질러 MIT와 하버드대학을 달리는 벤. 그가 하버드대학의 교수와 장학금 관련 상담을 하는 내용이 이어지는데, 이 장면은 시간의 역순이 되어 곧 회상하는 모습으로 전개된다.

- 로빈슨 장학금을 신청하지만, 지원자 모두 훌륭한 학생들이고, 작년에는 다리 하나 없는 한국인 학생이 장학금 수혜자였네. 자네도 다리 하나 자르겠나?

4-2. 시급도 8달러로 올랐어.

축하하네. 시급도 8달러로 올랐어.

학비랑 생활비 합치면 30만 달러가 넘어.

알바를 열심히 성실하게 한 결과 시급이 8달러로 올랐지만, 하버드의대 학비 30만 달러는 꿈만 같다. 돈 때문에 진학을 포기해야 할 것 같아 두렵고 화가 난다.

4-3. 블랙잭 해 본 적 있나?

– 블랙잭 해 본 적 있나?
– 아뇨

이건 미친 짓이에요. 전 못하겠어요.

수학 강의실에서 벤의 뛰어난 수학 능력을 보고 미키 교수는 자신의 MIT 블랙잭 팀에 가입할 것을 권유한다. 처음에는 미키 교수의 비밀 사조직과 같은 블랙잭 팀을 거절하지만, 30만 달러의 등록금이 절실히 필요했던 벤은 결국 유혹을 거절하지 못하고 팀에 가입하게 된다.

– 벤, 이건 엄청난 돈벌이야

4-4. 의대 등록금만 벌면 손 뗄 거예요.

확률을 계산해서 거액을 베팅하고

의대 등록금만 벌면 그날로 손 뗄 거에요.

팀의 지도교수인 미키는 확률과 통계가 적용되는 블랙잭 게임의 기본원리를 이용해 미리 나올 카드를 예측할 수 있는 '카드 카운팅' 방법을 개발했다. 그의 블랙잭 팀원들은 서로 배우고 연습한다. 매일같이, 하루 종일 블랙잭을 공부했다. '보이는 카드는 과거이며, 나올 카드는 미래야. 기억력이 중요해'. 최고의 수학 영재들만을 선발해 앞으로 나올 카드와 승률을 계산하는 '카드 카운팅'기술과 팀원들 사이의 '비밀 암호'를 연습한다. 그렇지만 의대 등록금만 벌면 그날로 손 뗄 거예요. 라고 벤이 말한다.

4-5. 라스베이거스에선 완전히 딴 사람이었다.

라스베이거스에선 완전히 딴 사람이었다.

졸업 불가 통지서

블랙잭 공부를 한 후 신분을 위장하여 라스베이거스 카지노로 진격한다. 수학 확률계산과 팀플레이로 큰돈을 따게 되면서, 매 주말이면 또 다른 이름으로 전국의 카지노를 찾는다. 카지노에 점점 몰두하면서 호화로운 세계에 빠져든다. 등록금만 벌면 카지노에서 손을 떼겠다는 처음의 계획은 완전히 없어지고, 라스베이거스 생활에 푹 빠져버린다. 그만큼 학교생활은 망가졌고, 결국 졸업 불가 통지까지 받게 된다. 그러는 가운데 함께 공부하던 친구들은 여러 분야에서 좋은 성적을 올린다.

4-6. 카드 카운팅 했잖아

카드 카운팅 했잖아. 이길 확률을 높이잖아.

MIT 다니니까 컴퓨터 잘 알겠네

벤이 그동안 카지노에서 모아 둔 돈을 미키 교수가 훔쳐 간다. 카지노에서는 보안요원에게 카드 카운팅 행위를 들키면서, 한바탕 추격전도 벌인다. 탄탄대로 일 줄 알았던 벤의 삶은 그렇게 위기에 처하며, 라스베이거스에서의 모험이 물거품처럼 끝난다.

4-7. 영화 엔딩 - 감동 받으셨나요?

블랙잭으로 수십만 달러를 땄지만 …

정말 대단한 경험이죠? 감동 받으셨어요?

영화는 주인공 벤이 다시 학교로 돌아오고, 하버드대학 장학금 면접관에게 자신의 경험을 감동적으로 전하는 모습으로 끝난다. '이 정도면 장학금을 받을 자격이 되나요?'라는 벤의 마지막 물음에 인터뷰하던 교수가 멍한 표정을 짓는다. 그래서 벤은 장학금을 받았을까?

5 영화에서 만나는 수학 · 과학

5-1. 피보나치 수

벤의 생일 축하 케익에 0,1,1,2,3,5,8,13,...라는 숫자가 장식된다. 이것을 보고 '피보나치 수열! 그다음 숫자는 21이야'라고 한다. 바로 벤의 나이가 21살이며, 21을 쓰는 대신에 피보나치수 13까지만 쓰여 있던 것이다. 그러면 벤이 다음번 피보나치 생일 케익을 받을 때는 몇 살일까?

피보나치 수열
케익

다음 숫자는 21이야

토끼 번식과 같이 간단한 문제에서 시작된 피보나치 수열은 자연의 수많은 현상을 설명할 뿐만 아니라, 음악과 미술, 그리고 건축에서 훌륭히 적용되고 있다. 또한 컴퓨터 자료검색 알고리즘이나 주식시장의 움직임 등 여러 분야에서 응용되고 있다.

피보나치(Fibonacci, 1175~1250년경)는 이탈리아의 상인이며 수학자이다. 상업에 종사하며 아프리카의 북부 연안에서 근무하던 아버지로 인해 피보나치는 그곳에서 성장했다. 어릴 때부터 산술에 흥미를 느끼던 중 이집트, 그리스 등을 여행하면서 아랍의 수학을 접하였다. 인도-아랍 계산방식의 실용적 우수성에 눈을 뜬 그는 1202년에 이탈리아로 돌아와 유명한 저서 <산반서(Liber abaci)>를 출간하였다. 아라비아 숫자 1,2,3,4,…의 표기법을 최초로 유럽에 전해준 사람으로 기록된다.

피보나치 수열은 '토끼가 이상적인 환경에서 어떻게 번식하는가'의 문제에서 출발한다. 갓 태어난 암수 한 쌍의 아기토끼가 있다. 이들은 한 달 후에 어른토끼가 되며 그다음 달의 끝부분에서 암컷이 암수 한 쌍의 아기토끼를 낳는다고 하자. 이런 상황이 계속된다면 1년 후에는 몇 쌍의 토끼가 생길까?

(i) 한 달이 지나면 어른토끼가 된다.
(ii) 두 달 후에 암컷은 한 쌍의 아기토끼를 낳아, 모두 두 쌍의 토끼가 된다.
(iii) 세 달 후에 원래 암컷은 두 번째로 아기토끼를 낳으므로 모두 합쳐서 세 쌍이다.
(iv) 네 달 후에 원래 암컷은 또 다른 한 쌍의 아기토끼를 낳았으며 두 달 전에 태어난 암컷이 역시 아기토끼를 낳으므로 5쌍이 된다.

달 수	0	1	2	3	4	5	6	7	8	
아기토끼	1		1	1	2	3	5	8	13	…
어른토끼		1	1	2	3	5	8	13	21	…

이와 같이 만들어지는 수열이 피보나치 수열이다. 그러면 2년 후에 토끼 쌍의 수를 알 수 있을까? 또한 10년(즉 120달) 후에 토끼 쌍의 수를 알 수 있을까? 영화 <다빈치 코드>, <네이든>, 또한 <옥스퍼드 살인> 등에서도 피보나치 수열을 읽을 수 있다.

5-2. 뉴턴 - 랩슨법

미키 교수와 주인공 벤이 수학 강의실에서 처음으로 만나는데, 교수는 '뉴턴-랩슨법'을 강의하는 중이다. 이것은 방정식의 정확한 근을 찾기 어려울 때, 근삿값으로 근을 찾는 방법이다. 뉴턴(I. Newton, 1642~1727, 영국)이 고안한 것을 랩슨(J. Raphson, 1648~1715, 영국)이 발전시켰기 때문에 '뉴턴-랩슨법'이라고 부른다.

뉴턴의 랩슨법을 설명해 볼 사람?

초기값이 절대 영점에서 멀면 실패한단 거에요.

어떤 방정식 $f(x)=0$에서 근 x의 정확한 값을 찾기 어려울 때, 뉴턴-랩슨법을 사용하여 기하적으로 볼 수 있다. 우선 x_0를 근의 초깃값으로 정한다. x_0를 어떻게 잘 택하느냐에 따라 근을 찾는 게 쉬워질 수도 있고 실패할 수도 있다.

우선 점 x_0에서 미분을 정의하는 형태

$$f'(x_0)=\lim_{x\to x_0}\frac{f(x)-f(x_0)}{x-x_0}$$

를 근삿값

$$f(x)\approx f(x_0)+f'(x_0)(x-x_0)$$

으로 표현된다. 이것은 $f(x)=0$의 근은 $(x_0, f(x_0))$에서의 접선의 식

$$f(x)-f(x_0)=f'(x_0)(x-x_0)$$

즉,

$$f(x)=f(x_0)+f'(x_0)(x-x_0)$$

의 근인 $f(x)=0$, 다시 말해서

$$f(x_0)+f'(x_0)(x-x_0)=0$$

의 근과 근사하다는 것이 뉴턴의 방법이다.

$f(x_0)+f'(x_0)(x-x_0)=0$의 근을 x_1이라고 하면

$$f(x_0)+f'(x_0)(x_1-x_0)=0,$$

즉

$$x_1-x_0=\frac{f(x_0)}{f'(x_0)}\ ,\ 즉\qquad x_1=x_0-\frac{f(x_0)}{f'(x_0)}$$

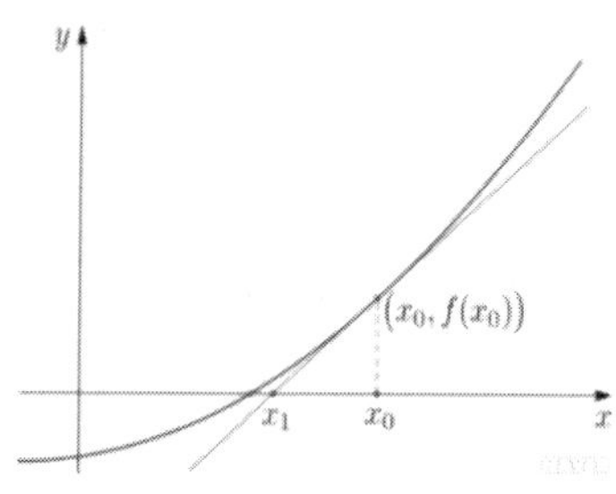

가 된다. 그러므로 임의로 택한 x_0로부터 이러한 단계를 여러 번 반복하여 차례로 $x_0, x_1, x_2, \cdots$를 얻는다면, 최종적으로

$$x_n=x_{n-1}-\frac{f(x_{n-1})}{f'(x_{n-1})}$$

가 되어, 극한값 $\lim_{n\to\infty} x_n$ 이 방정식 $f(x)$의 (근삿값의) 근이 된다.

간단한 예를 들어보자. 방정식 $x^2-2=0$을 뉴턴 랩슨 방법으로 풀어보자. $f'(x)=2x$이므로 점화식 $x_n = x_{n-1} - \frac{x_{n-1}^2-2}{2x_{n-1}}$ 이 된다. 만일 초깃값을 $x_0=2$로 택하면

$$x_0 = 2, \qquad x_1 = 1.5,$$
$$x_2 = 1.41666666666667,$$
$$x_3 = 1.41421568627451,$$
$$x_4 = 1.41421356237469$$

가 되어 1.414라는 $\sqrt{2}$의 근사값을 얻게 된다. 방정식 $x^2-2=0$은 대수적으로 근을 풀어도 $x^2=2$; $x=\pm\sqrt{2}$ 인 것은 당연하다.

여기서 임의로 택한 x_0가 초깃값이 되는데, 이 초깃값을 조심스럽게 선택해야 한다는 게 영화에도 나온다. 그다지 효과적이지 않은 초깃값을 선택한다면 근을 찾기 위해 많은 시간이 소모될 뿐만 아니라, 값이 수렴하지 않고 발산하는 경우도 생길 수 있다. 그 경우는 근을 찾는 것을 실패하게 된다.

그런데 영화 장면에서 뉴턴 - 랩슨법을 말하면서,

- '뉴턴이 랩슨의 연구 결과를 훔친 것'

이라는 말이 나오는데, 이에 대해 논란이 있었다고 한다. 보안운영센터(Security intelligence operations center, Genpact)의 컨설턴트인 탠던(T. Tandon)은 다음과 같이 설명했다. 뉴턴 방법은 왈리스(J. Wallis)의 저서 <A Treatise of algebra both by historical and practical>(1685)에 처음 출판되었다. 그 후 랩슨은 이것을 완전히 대수적 방법으로 재

해석하여 다항식에 적용했다. 1740년에 심슨(T. Simpson) 역시 뉴턴 방법을 점화식의 방법으로 더 발전시켰다. 결국 뉴턴의 아이디어가 여러 수학자를 거쳐 발전되었기 때문에 뉴턴이 랩슨 것을 훔쳤다고는 말할 수 없다고 했다.

5-3. 몬티홀 문제 - 어떤 걸 고르겠나?

3개의 문 중에서 하나를 선택해야 돼.

정답의 문 뒤엔 새 차가 있고 나머지는 염소야

영화에서 '주인 방정식'이라고 소개된 것은 보통 몬티홀 문제라고 불린다. 이것은 1963년부터 40년 정도 지속된 미국 TV쇼인 'Let's make a deal'에서 나온 게임인데, 그 쇼의 사회자인 몬티 홀(Monty Hall)의 이름을 땄다. TV쇼의 게임 규칙은 다음과 같다.

(i) 세 개의 문이 있는데, 하나의 문에는 승용차가 있고 나머지 두 개 문에는 염소가 있다. 출연자는 세 개의 문 중에서 하나를 선택하게 되며 선택한 문에서 나오는 상품을 받는다.

(ii) 출연자가 문 하나를 선택했다. 승용차가 어디 있는지 알고 있는 사회자는 남은 두 개의 문 중에서 염소가 있는 문 하나를 열어준다. 그 후 출연자에게 선택을 바꾸겠냐고 묻는다.

(iii) 출연자는 처음 선택을 그대로 할 것인지, 아니면 바꿀지를 놓고 고민하게 된다.

출연자가 문 1을 선택했다고 하자. 상황을 다 알고 있는 사회자가 문 2를 열어 염소를 보여준다. 그러면 자동차는 출연자가 선택한 문 1에 있든지 아니면 문 3에 있다.

- 사회자: 문 3으로 선택을 바꾸셔도 됩니다. 지금 바꾸시겠습니까?

영화에서 벤은 자신의 선택을 바꾸겠다고 했다. 그리고는 자신은 확률계산을 해서 결정했다고 자신 있게 말한다. 이제 자동차를 받을 수 있는 상황을 계산해 보자. 이 상황에서, 선택한 문 1에 자동차가 있을 확률은 얼마일까?

몬티홀 문제는 조건부 확률로 계산되지만, 좀 혼란스럽기는 하다. 이에 대해 미국의 작가이자 칼럼니스트인 사반트(M. Savant, 1946~)는 자신이 운영하는 신문 Parade의 칼럼에서 간단히 설명했다.

- 백 개의 문을 상상하고, 당신이 1번 문을 선택했다고 하자. 그리고 상황을 다 알고 있는 사회자가 100번 문을 제외하고 나머지 문들을 모두 열었다고 하자. 그러면 1번 문의 선택을 그대로 고수할지, 아니면 100번 문으로 선택을 바꿀지 결정하는 것이다.
- 그렇다면 얼른 100번 문으로 선택을 바꾸는 것이 타당하지 않은가.

사반트는 한때 최고의 IQ 소유자로 기네스북에 기록되었던 사람이다. 영화에서 몬티홀 문제를 언급한 것은, 수학을 잘 하면 돈도 쉽게 벌 수 있다고 말한 것이다.

6 영화 밖 이야기

6-1. 영화의 실제와 허구, 팀원들의 그 이후

영화의 원작은 뉴욕타임즈와 월스트리트저널의 베스트셀러로 꼽힌 논픽션 소설 <Bringing Down the House>(카지노 무너뜨리기)이다. 그러나 실화를 기반으로 했다고는 했지만 지나친 허구와 심한 과장, 그리고 실제 인물을 왜곡한 작품이라는 평가도 많이 있다.

주인공 벤(책에서는 Kevin)의 실제 모델은 Jeff Ma이다. 그는 1994년에 MIT 기계공학과를 졸업했고, 그 후 Citizen Sports사를 설립했는데 이것은 주식시장의 시뮬레이션 게임(simulation game)을 다루는 회사이다. 팀의 또 한 명의 리더였던 Jason Fisher의 실제 모델은 Mike Aponte이다. 그 역시 MIT 졸업 후에 2004년의 세계 블랙잭게임(World Series of Blackjack)에서 우승했으며, 그 후 Blackjack Institute라는 회사를 설립했다. 사실 영화의 모티브가 된 실존 인물 중에서 하버드의대로 진학한 사람은 없었으며, 그 대신 대학 시절의 블랙잭 게임의 경험을 살려서 진로를 결정한 경우가 많았다. 한편 블랙잭 팀의 미키(Micky Rosa) 교수는 여러 명의 실제 인물(B. Kaplan, JP. Massar, J. Chang)을 합성한 가공의 캐릭터이다.

6-2. MIT 블랙잭 팀

블랙잭 팀은 MIT, 하버드 등 최상위 대학 학생들과 졸업생들로 구성되었다. 주인공 벤의 실제 모델인 Ma가 팀에 들어갔을 때는 80명 정도 회원이 있었는데, 1980년대에 이미 수백명의 MIT 학생들이 블랙잭 게임을 배우고 가르치고 있었다. 그들은 확률론에 기반을 둔 카드 카운팅을 바탕으로 정교한 전략들을 익혀서 카지노를 공략하는 목표를 갖고 있었다. 1979년부터 2000년 초반까지 성공적으로 활동해 왔다. 그 후 MIT 블랙잭 팀이 해체되는데, 그것은 카지노 업체들의 감시가 아니라 그냥 돈벌이가 되지 않아서라고 했다.

그런데 왜 MIT일까. MIT와 블랙잭의 인연은 MIT에서 학생들이 블랙잭 팀을 운영하기 오래전으로 거슬러 올라간다. 1961년에 MIT 수학 교수인 에드워드 솔프(E. Thorp)는 '행운의 공식: 블랙잭의 필승 전략'이라는 논문을 미국수학회에 실었다. 내용은 1956년에 켈리(J.L. Kelly)가 발표한 공식 '(돌려지지 않고) 남아있는 카드에 따라서 돈을 걸라'를 발전시킨 것으로서 확률에 관한 내용이었다. 재미있게도 이 논문은 수학자들보다 도박사들의 주목을 받았다고 한다. 이미 나온 카드의 숫자를 '카운팅'함으로써 뒤에 나올 패가 무엇일지 예측하는 계산을 할 수 있다는 것이다.

6-3. 에드워드 솔프

블랙잭 게임(Blackjack)은 카드의 점수의 합이 21점을 넘지 않으면서 21에 가까울수록 이기는 게임이다. 이때, J, Q, K는 10점씩, A는 1 또는 11점으로 계산한다.

미국 UCLA대학의 수학자인 솔프(Thorp)는 블랙잭 게임의 기본 전략에 관한 계산과 이론을 연구해서, 낮은 점수 또는 높은 점수의 카드 등에 따라서 성공할 확률이 변한다는 사실을 발견했다. 더 나아가 이미 나온 카드들을 비교적 쉽게 기억할 수 있는 카드 카운팅(counting) 방법을 만들고 전략을 개발했다. 카드의 합이 11이하이면 카드를 더 받고 17이상이면 더 받지 않기 등과 같이 확률에 근거한 승부 전략을 세운 것이다. 그는 카운팅 전략이 기본 전략에 비해 훨씬 높은 확률을 제공한다는 사실을 1959년에 증명했다. 솔프가 1960년 미국 수학회에서 발표한 논문 '행운의 공식: 블랙잭의 필승 전략(Fortune's formula: A winning strategy for Blackjack)'은 큰 관심을 끌어 여러 매스컴을 통해 그의 카운팅 전략이 널리 알려지게 되었다. 실제로 솔프는 두 명의 백만장자로부터 1만 달러를 빌려 한 카지노에서 불과 30시간 만에 1만 달러를 벌어 자신의 전략을 입증했다. 출판된 저서 <딜러를 이겨라(Beat the Dealer): 21 게임을 이기는 전략>는 뉴욕타임즈 베스트셀러 목록에 올랐다.

딜러를 이기는 법
Beat the Dealer, Edward Thorp

기발한 방법으로 사용되는 산수

영화에서 벤은 하루 종일, 수업시간에도 블랙잭을 공부했다. 그때 보던 책이 바로 솔프의 <Beat the Dealer>이다. 솔프의 또 다른 저서 <시장을 이겨라>는 세계 증권시장을 변화시킨 파생상품 혁명의 시작에 기여했다. 1969년 최초의 시장중립형 헤지펀드를 설립했다. 수학을 활용한 카지노게임에 관련한 저서들 <기초 확률>(1966), <도박의 수학>(Mathematics of Gambling)(1984)를 썼고, 확률 게임이론 및 기능적 분석에 관한 수학 논문들을 출판했다.

수학 교수였던 솔프는 도박의 귀재에서 투자의 귀재로 거듭났다. 그는 월스트리트에서 퀀트투자의 아버지로 불리는 전설적인 인물이 되었고 해지펀드 매니저로 변신한 것이다. 당시 계량적 투자전략으로 연평균 복리 19.1%라는 전례 없는 수익률을 기록해 세상을 놀라게 했다. 과학적 해법이 존재한 도박과도 같은 증권투자를 한 것이다.

6-4. 수학과 도박

수학자는 도박을 잘한다? 수학자들이 다 그런 것은 아니겠지만 확률을 분석할 줄 아는 능력으로 도박에서 돈을 딸 가능성을 높일 수 있다. 확률론은 수학자들이 노름판의 의문점을 풀어보면서 기틀이 마련되었다.

(1) 파스칼(B. Pascal, 1623~1662)

프랑스의 도박사 드 메레(C. de Mere)는 도박에서 판돈 나누는 문제를 고민했다. A,B 두 명이 3점을 얻으면 게임에서 이긴다는 규칙으로 시작했는데, 각각 2점과 1점을 낸 뒤 게임을 갑자기 중단하게 되었다. 돈을 어떻게 나눠야 하는지의 질문을 수학자 파스칼에게 의뢰했다.

판돈을 α 라고 하자. 언뜻 생각하면 A:B=2:1 이므로 A는 전체의 $\frac{2}{3}$, 즉 $\frac{2\alpha}{3}$ 만큼을 갖고 B는 $\frac{1\alpha}{3}$ 만큼 가지면 될 것으로 생각된다. 그러나 파스칼은 두 명이 이기고 지는 확률을 확인해 돈을 나눠야 한다 생각하여 다음과 같이 계산을 했다.

다음 게임에서 만일 A가 이기면 점수는 A:B= 3:1이므로 A가 전체 판돈 α를 갖는다.

만일 B가 이기면 점수는 A:B= 2:2이므로 A와 B는 $\frac{\alpha}{2}$씩 나누어 갖는다. 이 두 상황을 종합해 볼 때, A는 $\frac{\alpha}{2}$는 이미 확보를 해 놓았고, $\frac{1}{2}$의 확률로 $\frac{\alpha}{2}$를 더 얻을 수 있으므로 A는

$$\frac{\alpha}{2} + \frac{\alpha}{2} \cdot \frac{1}{2} = \frac{\alpha}{2} + \frac{\alpha}{4} = \frac{3\alpha}{4}$$

를 갖고, B는 $\frac{\alpha}{4}$를 갖는다.

(2) 페르마(P. Fermat, 1607~1665)

파스칼은 이 문제와 자신의 풀이법을 당시 유명한 수학자 페르마와 논의했다. 페르마는 앞으로 2번의 승패 확률로 최종 결정된다고 하면서 4가지 경우를 생각했다.

(i) 두 번 다 A가 이기는 경우,
(ii) A가 이긴 후 B가 이기는 경우,
(iii) B가 이긴 후 A가 이기는 경우,
(iv) 두 번 다 B가 이기는 경우

이 4가지 경우 중 최종적으로 A가 이기는 경우는 처음 3가지이고 B가 이기는 경우는 마지막 1가지이다. 따라서 A는 α의 $\frac{3}{4}$인 $\frac{3\alpha}{4}$를 갖고, B는 $\frac{\alpha}{4}$를 갖는다고 했는데, 이것은 파스칼의 결과와 동일하다.

A승	A승	B승	B승
A승	B승	A승	B승
이 경우 4:1	3:2	3:2	2:3

결국 4가지 경우 중에서 A가 이길 확률은 3번, B는 1번 승리의 확률이 생긴다. 따라서 $\frac{3\alpha}{4}$과 $\frac{\alpha}{4}$ 의 비율로 상금을 나눈다. 페르마는 이 결과를 다시 파스칼에게 보냈다. 파스칼은 이 풀이법을 보고 '이항정리'와 '파스칼의 삼각형' 등의 자신의 수

학적 아이디어를 더해 다시 정교한 풀이법을 만들었고 이후 확률론 연구의 주요 초석이 됐다.

(3) 카르타노(G. Cardano, 1501~1576)

카르타노는 3차 방정식의 해법을 만든 사람으로 수학의 역사에 기록된다. 2차 방정식의 풀이 방법으로 근의 공식은 이미 잘 알려져 있었지만, 3차 방정식의 풀이법이 밝혀진 것은 카르타노와 타르탈리아와 같은 이탈리아 수학자들의 공로였다. 그런데 카르타노는 기행과 나쁜 행실로도 유명한데, 그중에 도박에 관한 것도 있다. 도박을 좋아해서 확률을 연구했고 확률에 관한 최초의 저서 <도박 게임에 관한 책>(The Book on Games of Chance)를 썼다. 그가 즐겼던 도박이 확률론의 발전에 기여한 것이다. 카르타노는 영화 <플랫랜드>에서 더 읽자.

(4) 에이다 러브레이스(Ada Lovelace, 1815~1852)

러브레이스는 최초의 컴퓨터 프로그래밍 과학자인데, 여성 교육이 막혀있던 1800년 중반의 여성으로서는 놀라운 일이 아닐 수 없다. 배비지(C. Babbage, 1791~1871)는 인류 최초의 현대적 컴퓨터의 전신인 '해석기관'(1837)을 만들었다. 러브레이스는 해석기관에서 사용할 수 있는 프로그래밍을 고안하면서, 기본 명령어인 'IF(만일)', '루프', 'GOTO'와 같은 개념들을 디자인했다. 이러한 공로로 미국국방부는 '에이다 프로그래밍 언어'를 만들었고, 영국의 컴퓨터협회는 '에이다 상(Ada medal)'을 제정해 매년 수여하고 있다. 더욱이 최근에 많이 관심을 받는 암호화폐에 에이다가 있는데, 정확한 이름은 '카르타노-에이다 암호화폐'이다. 카르타노(Cardano) 재단에서 만든 가상화폐인데, 여기서 카르타노는 바로 위에서 말한 수학자이다. 그런데 러브레이스는 도박과의 악연으로도 유명하다. 경마 승률을 계산하는 프로그램도 만들기도 했지만, 도박에 빠진 탓에 신분 높은 귀족 부인이었으나 말년에는 전 재산을 탕진했고 36살에 암으로 사망했다. 배비지와 러브레이스는 영화 <이미테이션 게임>에서 더 읽자.

(5) 폰 노이만(J. von Neumann, 1903~1957)

폰 노이만은 도박보다 한 단계 높은 차원인 게임이론의 선각자이다. 그는 모르겐슈테른(O. Morgenstern)과 함께 <게임이론과 경제행위>(1944)를 저술했다. 세상에서 벌어지는 수많은 갈등과 게임들을 수학적 모델화하고자 했고, '최소최대 정리' 이론을 제시했다. '제로섬 이론'도 만들었는데, 두 사람이 이득을 얻기 위해 대립해 있을 때는 처음부터 이득의 합계가 0으로 정해져 있다는 가정에서 출발한다. 노이만은 최악의 상황에서 최선의 선택을 해야 하는, 즉 0이라는 최소 이득을 얻을 수밖에 없는 상황에서 이기기 위해서는 경쟁자 자체를 제거해 이득을 독점하거나, 최대 이득의 비율을 차지해야 게임에서 우위를 점할 수 있다고 말했다. 제로섬 게임이나 폰 노이만에 관해서는 영화 <뷰티풀 마인드>를 함께 읽자.

(6) 수학과 금융

이와 같이 도박의 문제에서 확률론의 발전이, 또한 확률론을 이용해 카지노 게임으로, 그리고 더 발전한 게임이론으로 무궁히 확장되고 발전하는 것이 수학이다. 1600년대에 도박에서 이기기 위해 계산한 수학이 확률론의 발판이 되었고, 1960년대에 카지노 블랙잭 게임에서 승리하기 위해 확률을 기반으로 한 카드 카운팅 기술이 연구되었다. 이 모든 것은 결국은 부를 쌓기 위한 것이었는데, 오늘날에는 수학을 기반으로 한 금융기술 - 다시 말하면 금융수학, 금융공학 등이 큰 관심을 받고 있다.

6-5. 코시와 무한

코시는 최초로 수의 무한대 수렴조건을 연구했고

미적분학의 기초를 마련했다.

코시(A.L. Cauchy, 프랑스, 1789~1857)는 800편에 달하는 논문을 발표하면서 근대수학의 뿌리를 제공하고 수학에 엄밀성을 도입했는데, 특별히 무한수열의 수렴조건의 연구로 수학사의 길이 남았다. 이로써 사람들이 오랫동안 해결하지 못했던 '제논의 역설'을 설명할 수 있게 되었다. 엘레아 제논(Zeno, 기원전 490~430년경)의 역설에는 몇 가지가 있는데, 그중에서 '거북이와 아킬레스의 역설'과 '화살의 역설'이 유명하다.

(1) 거북이와 아킬레스의 역설

거북이의 출발점은 아킬레스의 출발점보다 10m 앞에 있다. 출발신호와 함께 거북이와 아킬레스는 뛰기 시작했고, 아킬레스는 앞서가는 거북이를 쫓아 뛰는 상황이다. (아킬레스는 그리스 신화에서 달리기가 빠르기로 유명한 강인한 영웅이다.)

제논의 역설: 아킬레스는 아무리 빨리 달려도 거북이를 앞지를 수 없다.

- 아킬레스가 원래 거북이가 있던 곳까지 왔을 때는 거북이가 아무리 천천히 움직인다고 하더라도 얼마쯤은 전진해 있다. 다음에 아킬레스가 다시 거북이가 있던 두 번째 지점에 왔을 때도 거북이는 또 어느 정도 전진해 있다. 이렇게 계속되기 때문에 아킬레스는 절대로 거북이를 추월할 수 없다. 다시 말하면 아킬레스가 A에서 뛰기 시작할 때, 거북이는 이미 B를 지나고 있고 다시 아킬레스가 B까지 달려오는 동안 거북이는 C까지 움직인다. 아킬레스와 거북이 사이를 계속 구간으로 나누어 아킬레스가 따라간다는 것이 제논의 주장이다.
- 문제의 해결: 아킬레스가 거북이보다 10배 빠르다고 해 보자. 거북이가 10m 앞서 출발한다. 아킬레스가 10m 뛰는 동안 거북이는 1m 앞으로 나아가며 아킬레스가 1m 뛰는 동안 거북이는 0.1m, 또한 아킬레스가 0.1m 뛰는 동안, 거북이는 0.01m 앞으로 간다. 총 이동한 거리를 계산해 보자.
- 아킬레스가 이동한 거리는 $10+1+\frac{1}{10}+\frac{1}{100}+\frac{1}{1000}+\cdots$이며, 이것의 합은 다음과 같다.

$$10+1+\frac{1}{10}+\frac{1}{100}+\cdots = 10\left(1+\frac{1}{10}+\frac{1}{100}+\frac{1}{1000}+\cdots\right)$$

$$= 10\cdot\frac{1}{1-\frac{1}{10}} = \frac{10}{1-\frac{1}{10}} = \frac{10}{\frac{9}{10}} = \frac{100}{9}$$

- 거북이가 이동한 거리는 $1+\frac{1}{10}+\frac{1}{100}+\frac{1}{1000}+\cdots = \frac{1}{1-\frac{1}{10}} = \frac{10}{9}$이다.

결국 아킬레스가 10미터에다 $\frac{100}{9}$미터만 더 뛰면, 거북이를 따라잡는 것이다.

(2) 화살의 역설

제논의 역설: 기사 한 명이 10m 앞에 있는 과녁을 향하여 화살을 쏜다. 화살은 결코 과녁에 도달할 수 없다.

- A에서 당긴 화살이 과녁 B에 도달하려면, A와 B의 중간지점 C를 지나야 한다. 또한 C를 지나면 거기서 과녁 B까지의 중간지점 D를 지나야 한다. 역시 D와 B 사이의 중간을 또 지나야 하는 일이 계속 반복된다. 결국 화살은 과녁 B에 가까워질 뿐이지 과녁에 도달할 수는 없다. 화살과 과녁 사이에는 무수히 많은 점이 있는데, 화살이 이 모든 점을 통과하려면 무수히 많은 시간이 소요되어서 화살은 과녁에 도달할 수가 없다는 설명이다.

생각해 보기

1. 화살의 역설의 문제에 대해 자신의 생각을 쓰시오.

2.

A씨는 작은 콩알 하나를 놓고 말했다. '아. 나는 이 콩알을 하루에 반쪽씩 먹으면 한평생 먹고도 남는다.' A씨가 말하는 근거는 무엇인가. 자신의 생각을 쓰시오.

3.

파스칼이 의뢰받았던 상황을 생각해 보자. A, B 두 명이 게임을 하면서 3점을 먼저 이기는 사람이 상금을 받기로 했다. 현재 A:B는 2:1 인 상황인데, 돌발상황으로 게임이 중단되었다. 상금을 어떻게 나누는게 좋을지, 자신의 의견을 쓰시오.

4.

만일 경기 규칙이 5점을 먼저 이기는 사람이 상금을 받는데, 현재 A:B가 3:2이 상황에서 게임이 취소되었다고 해 보자. 이 경우는 어떻게 해결하면 좋을지 자신의 생각을 쓰시오.

5.

$0.9<1$, $0.99<1$, $0.999<1$, $0.9999<1$ 등과 같이 0.9, 0.99, 0.999, 0.9999 는 모두 1 보다 작은 값이다. 이와 마찬가지로 $0.\underbrace{99\cdots999}_{100}$ 도 1보다 작은 값이다. 그런데 $0.9999999\cdots=1$ 은 어떻게 설명할 수 있을까? 자신의 생각을 쓰시오.

6.

$\frac{1}{2}+\frac{1}{4}+\frac{1}{8}+\frac{1}{16}+\cdots=1$ 이 됨을 설명하시오.

7. 학비만 벌면 그날로 손 뗄 거에요.

의대 등록금이 없어서 블랙잭 게임을 시작한 벤. 그는 학비만 벌면 당장 게임을 그만둘 거라고 장담한다. 그러나 그는 카지노 게임에서 빠져나오지 못하는 것과 같은 예기치 못한 상황에 들어간다. 벤의 선택에 대해 자신의 생각을 쓰세요. 당신은 어떤 선택을 하겠습니까?

8.

영화의 마지막은 벤이 장학금 면접을 보는 장면이 다시 나온다. 주인공 벤은 의대 진학 장학금을 받았을까? 자신의 생각을 쓰시오.

찾아보기

저 자 소 개

최 은 미

- 이화여자대학교 수학과(이학사)
- 이화여자대학교 수학과대학원(이학석사)
- Tufts University 수학과대학원(이학박사)
- 한남대학교 수학과 교수

영화로 만나는 수학 · 과학

인 쇄 2022년 8월 22일
발 행 2022년 8월 26일

저 자 • **최 은 미**

발 행 처 • **한남대학교 탈메이지교양 · 융합대학(글누리)**
대전광역시 대덕구 한남로 70
(042) 629-7722
press.hannam.ac.kr

인 쇄 처 • **도서출판 이 화**
(042) 255-9708

ISBN 978-89-7066-411-8 03410

〈정가 17,000원〉